AF343859

es Aéroplanes de 1910

LIBRAIRIE AÉRONAUTIQUE
32, rue Madame, Paris

LES AÉROPLANES DE 1910 ❦ ❦ ❦ ❦

R. DE GASTON

Secrétaire de la Société Française de Navigation Aérienne

Les Aéroplanes de 1910

○ ○ Étude technique avec plans cotés ○ ○
pour la plupart des principaux aéroplanes
○ ○ ○ existant au début de 1910 ○ ○ ○

avec

PRÉFACE
DE
M. ARMENGAUD Jeune

ÉTUDE SUR LES HÉLICES
PAR
M. Victor TATIN

Librairie Aéronautique

=== EDITEURS ===

32, rue Madame, PARIS

PRÉFACE

Depuis que le problème du plus lourd que l'air, si longtemps considéré comme une utopie, a reçu une solution grâce à l'application d'un moteur puissant et léger, les publications sur l'aviation ont surgi, nombreuses et variées.

Celui qui écrit ces lignes fut, avec le regretté Dr Hureau de Villeneuve, un des fondateurs de la Société Française de Navigation Aérienne. Malgré les critiques et les sarcasmes, les membres de cette société, qui compta parmi ses présidents des hommes illustres tels que le professeur Marey, MM. Berthelot, Hervé Mangon, le colonel Laussedat, pour ne citer que ceux qui ne sont plus, ne cessèrent jamais d'avoir foi dans la réalisation du vol artificiel à l'instar des oiseaux.

Nous fûmes parmi les premiers qui célébrèrent les exploits des Santos-Dumont, des frères Wright, puis ceux des Farman, Blériot, Delagrange, tant par des conférences que par nos écrits réunis dans notre livre « Le problème de l'aviation » auquel le public a fait un si bienveillant accueil.

On est autorisé à dire que depuis trois ans, il n'y a pas de question qui ait fait couler plus d'encre que celle de l'aviation, tantôt au point de vue théorique avec les écrits du colonel Renard, de M. Drzewiecki, du colonel Vallier, du regretté capitaine Ferber et plus récemment, de M. Soreau, tantôt au point de vue pratique, comme les traités de MM. Tatin, F. Peyrey,

Baudry de Saulnier, de Graffigny, Lessard, Sazerac de Forge, etc...

Parmi les journaux périodiques, l'Aérophile, l'Aéronaute, la Revue de l'Aviation, la Revue Aérienne, etc., ont, sans délaisser l'aérostation, consacré la plupart de leurs articles à l'aviation. Signalons en passant les discussions qui se sont engagées sur le phénomène du vol à voile qui, avec le vol ramé et avec le vol plané, constitue les trois genres du vol naturel.

Enfin les expériences sensationnelles, à commencer par celles de la pelouse de Bagatelle, du polygone de Vincennes, puis à Issy-les-Moulineaux et au camp de Châlons, précédant l'admirable semaine de Bétheny près Reims, et tout récemment, celles de Brescia, de Francfort, de Berlin, Cologne, pour finir à la semaine de Juvisy, ont eu dans le public un retentissement qui rappelle, à plus de 120 ans de distance, celui de la découverte des frères Montgolfier.

On se demande si à côté des nombreuses publications éditées dans ces derniers temps, il y avait encore place pour une nouvelle dans des conditions accessibles à la plus modique des bourses, tout en procurant des indications précises et sérieuses à ceux que passionnent le désir de se transporter dans l'espace. A ce point d'interrogation, on peut répondre affirmativement! par l'album que la librairie aéronautique, a eu l'idée de publier.

Cet ouvrage se borne à publier des plans et

PRÉFACE

des dessins très précis des principaux types d'aéroplanes existant en 1909. Le lecteur y puisera un enseignement précieux sur la construction de ces appareils, et pourra lui-même, en les comparant et en tenant compte de leur fonctionnement attesté par les exploits et les performances auxquelles ils ont donné lieu, se rendre compte de leurs mérites respectifs. Il ne vous appartient pas ici d'en faire la critique, d'autant plus que depuis que des procès sont engagés par les saisies qui viennent d'être opérées à l'Exposition de Locomotion aérienne, nous avons le devoir de nous tenir sur une réserve que chacun comprendra.

Qu'il nous suffise aujourd'hui de recommander à ceux qui, prenant connaissance de cet album, voudraient sur les données qu'il renferme, construire ou faire construire des appareils, de s'adresser aux constructeurs ou inventeurs de ces divers systèmes pour ne pas empiéter sur les droits de leurs brevets.

Un jour viendra peut-être où, disposant de moteurs combinant mieux encore que les moteurs actuels, la puissance matrice avec la légèreté, et de forme d'hélices d'un rendement meilleur, il sera facile d'adjoindre à l'aéroplane une hélice sustentatrice qui facilitera à la fois l'essor et l'atterrissage. Mais en attendant, c'est incontestablement sous la forme de l'aéroplane dérivant du principe du cerf-volant, que l'appareil d'aviation doit être envisagé sous le rapport des perfectionnements qu'il est susceptible de recevoir pour le mettre tout à fait au point et en faire un engin pratique de locomotion aérienne.

Il importe d'améliorer la construction de ces appareils surtout pour la voilure qui remplit le rôle principal de la sustentation, c'est-à-dire pour l'ensemble des ailes et de l'empennage (gouvernail de profondeur et de direction, avec gauchissement des surfaces ou avec des ailerons) de manière à assurer la stabilité de ces appareils. L'utilisation des propriétés du pendule ou du gyroscope, ou de ces deux moyens combinés, permettra peut-être de réaliser la stabilisation automatique, c'est-à-dire d'obtenir la sécurité absolue de l'appareil dans l'espace.

Un autre point sur lequel je crois devoir appeler l'attention de tous les adeptes de la nouvelle découverte, aviateurs et constructeurs, est la mise en train du moteur de l'aéroplane au moment du départ. La façon dont s'exécute généralement le lancement ou le démarrage est vraiment barbare, et l'on frémit à la pensée du danger que court l'ouvrier qui saisit à deux mains les pales de l'hélice pour lui donner l'impulsion voulue. Si en effet, il ne s'éloigne pas assez tôt de l'hélice, ou s'il est aspiré, comme cela s'est produit dernièrement par le vide que produit l'hélice en tournant, il peut être attrapé par une des pales de l'hélice, et risquer d'être écartelé.

Comme il semble résulter des constatations faites à la suite des catastrophes qui ont causé la mort de Lefebvre et du capitaine Ferber, et la chute grave de Richez, disciple de ce dernier, il est de toute nécessité pour l'avenir de l'aviation, que la construction des aéroplanes soit mieux comprise, et jusque dans les moindres détails d'exécution, notamment en ce qui concerne les organes de commande des gouvernails qui doivent obéir instantanément et avec la plus grande docilité aux mouvements réflexes de l'aviateur.

J. ARMENGAUD Jeune

L'Aéroplane ANTOINETTE

La Société Antoinette a étudié longtemps et de façon très complète les différents dispositifs de planeurs. En examinant les conditions les plus favorables à la réalisation à la fois scientifique et industrielle d'aéroplanes sortant du type d'essai, la Société Antoinette s'est arrêtée au type que nous décrivons plus loin.

Les caractéristiques envisagées dans la construction de l'aéroplane Antoinette ont surtout été la simplicité, la stabilité maximum et le rendement le plus favorable, au point de vue de la pénétration pour une puissance, un poids et une vitesse donnés.

L'aéroplane Antoinette est du type monoplan. Ses principaux éléments sont :

Les plans porteurs ou ailes ;
Le corps fuselé ou fuselage ;
La queue stabilisatrice ;
Le train amortisseur ;
L'ensemble moto-propulseur ;
Les plans auxiliaires d'équilibrage ou ailerons ;
Les organes de commande ;
Le dispositif d'enlevage ;
Le gouvernail de direction

Plans porteurs ou ailes. — Les ailes sont constituées par une paire d'ossatures à plan trapézoïdal, dont les nervures sont de véritables fermes assemblées par des poutres également triangulées, et au moyen de goussets en aluminium.

Il résulte de cette disposition spéciale un travail rationnel des matériaux employés et une sécurité absolue à l'égard de la rupture ou du flambement. Une carcasse ainsi établie donne l'impression d'une véritable charpente métallique, d'une légèreté et d'une rigidité extrêmes, puisque le poids des surfaces portantes ne dépasse guère 1 kilogr. par mètre carré.

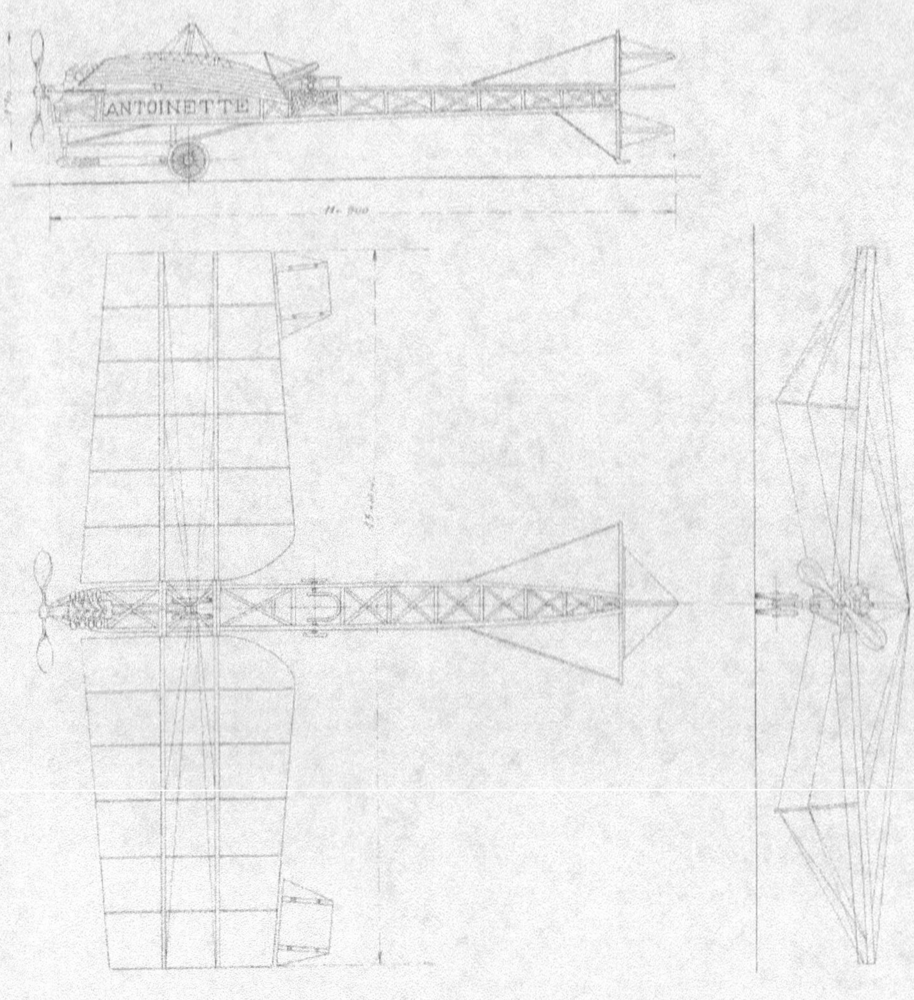

L'envergure totale des ailes est de 19m,80 ; chacune a une surface de 35 mètres carrés. L'entoilage est

fait sur les faces externes et internes et parfaitement verni afin de diminuer le plus possible la résistance à la pénétration.

Les deux ailes forment un angle très ouvert (dièdre) qui concourt à la stabilité transversale.

Corps fuselé ou fuselage. — Le corps fuselé, constitué par une charpente légère étudiée sur le même principe que les ailes, est disposé en coque fusiforme. L'avant est en proue et l'arrière en pointe. Sa longueur totale est de 9 mètres et le maître-couple a 0m,50 de côté.

C'est dans le corps fuselé que se trouvent d'avant en arrière :

Le palier d'hélice ;

Le moteur ;

Le poste du pilote avec les appareils de commande ;

Les supports du gouvernail vertical, de la queue stabilisatrice et du gouvernail de profondeur.

Train amortisseur. — Le train amortisseur comporte un patin, deux béquilles et une crosse à l'arrière.

Le patin avant est un cadre à suspension élastique, faisant saillie sur l'avant de l'appareil de 1m,25, ce qui permet d'éviter le contact de l'hélice avec le sol à l'atterrissage ; un galet placé à l'extrême avant assure le premier contact jusqu'à 45° d'incidence ; à l'autre extrémité du patin est montée une roue de 0m,70 de diamètre dont le plan de roulement est dans l'axe de l'appareil et le centre à l'aplomb de l'arrière du moteur, la longueur du patin étant de 2 mètres.

Deux béquilles placées au milieu des ailes, et distantes entre elles de 6m,50 servent à limiter le mouve-

vement transversal de l'appareil sur le sol, en même temps qu'elles protègent les ailes et jusqu'à 45° d'inclinaison tiennent lieu d'amarres pour les haubans.

La crosse placée à l'arrière sert à protéger la queue et limite en même temps les oscillations longitudinales au moment de l'enlevage et de l'atterrissage. Elle se trouve à 6 mètres de l'avant de l'appareil.

Les amortisseurs sont constitués par des tubes pneumatiques dans lesquels on comprime de l'air jusqu'à pression suffisante pour supporter tout le poids de l'appareil. Leur course est de 30 cm. à l'a-

vant et de 20 cm. à l'arrière ; ils sont reliés en haut au fuselage et en bas au patin et supportent tous les chocs, protégeant ainsi les parties essentielles de l'appareil.

Ensemble moto-propulseur. — Le moteur Antoinette est le plus ancien des moteurs d'aviation,

celui qui a participé aux premiers vols qui ont démontré brillamment la possibilité de la conquête de l'air.

La légèreté y est obtenue par l'emploi de matériaux peu denses, comme l'aluminium, partout où le métal n'a pas d'efforts à supporter. Chaque cylindre comprend un corps en fonte ou en acier tourné extérieurement, une fausse culasse en aluminium, où sont logées les soupapes, et, pour assurer la circulation d'eau, une enveloppe extérieure constituée par une simple feuille de laiton. On obtient ainsi un ensemble très léger, qui, pour un cylindre de 130 d'alésage et 130 de course, ne pèse pas 6 kilogrammes. Un cylindre entièrement en fonte en pèse 20. Par suite, il est possible d'en employer beaucoup, c'est pourquoi le moteur Antoinette possède 8, 16 ou 32 cylindres.

Il en résulte immédiatement un autre grand avantage : la suppression du volant, dont le poids moyen oscille autour de 20 kilos. On sait en effet que le volant

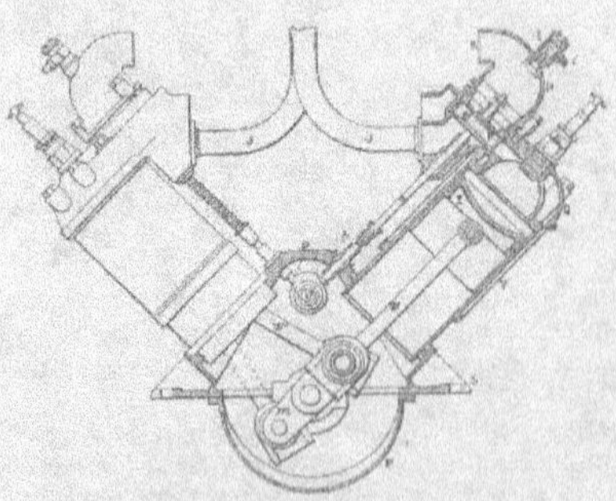

a pour but d'aider le moteur à franchir les espaces morts (temps pendant lequel il ne fournit aucune force). Or, en employant 8 cylindres ou davantage, il y en aura au moins deux travaillant en même temps, et nous n'aurons jamais d'espace mort.

Pour ne pas donner au vilebrequin des dimensions exagérées, les cylindres ont été placés par paire l'un en face de l'autre à 90°, de façon que leurs bielles viennent attaquer le même manneton ; comme ils ne travaillent pas en même temps, le vilebrequin n'aura pas besoin d'être renforcé, d'où nouveau gain de poids.

Le carburateur et ses encombrantes tuyauteries ont été remplacés par une petite pompe aspirante et foulante envoyant l'essence aux 8 cylindres.

Quant au refroidissement, il est réalisé pratiquement par le dispositif ci-dessous :

Un réservoir reçoit l'eau chaude à la sortie des cylindres. Cette eau dégage de la vapeur qui s'échappe par un orifice situé au-dessus du niveau du liquide, au sommet du réservoir. Un tube la conduit dans un radiateur double, formé de deux panneaux de tubes parallèles en aluminium, chaque panneau étant disposé sur un des flancs du bâti de l'appareil volant. Les tubes ont une épaisseur de $0^{mm},3$ et 10 millimètres de diamètre. Leur longueur varie avec le moteur et l'appareil employés. Pour 50 HP, on emploie une surface radiante de 12 mètres carrés, soit 350 mètres de tubes en éléments de 4 mètres. Un collecteur en cuivre rouge recueille les gouttelettes liquides que la pente générale des tubes accumule à l'arrière des panneaux. De là, un tube mène l'eau à un récupérateur où elle est prise par une pompe élévatoire qui la renvoie au réservoir.

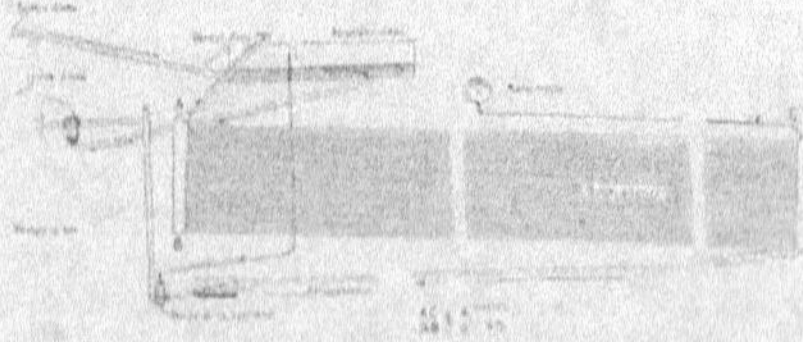

Sur l'aéroplane Antoinette 8 litres d'eau ont suffi pour 50 chevaux et le poids de l'ensemble des organes de refroidissement et du liquide est de 22 kg.

Enfin l'allumage est réalisé par un petit alternateur à haute fréquence. Cet ensemble est supporté par un bâti en aluminium de grande légèreté.

Toutes ces ingénieuses dispositions permettent de construire un moteur à 8 cylindres de 105 d'alésage, 105 de course, pesant en ordre complet de marche 85 kilogrammes ; sa puissance est de 50 chevaux à 1,500 tours par minute.

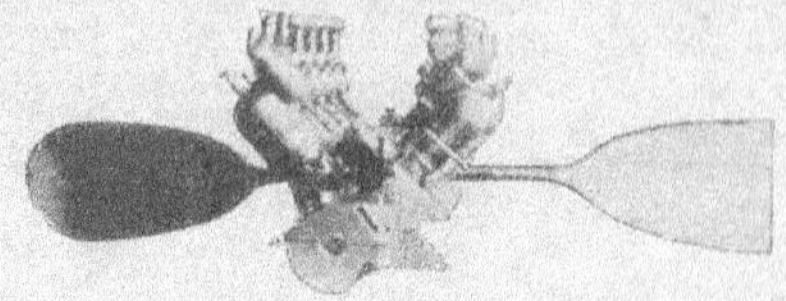

L'hélice, placée à l'avant de l'appareil est composée de deux pales d'aluminium montées sur tubes d'acier, et dont on peut varier l'incidence. Son diamètre est de 2m,20 et son pas de 1m,3o, ce qui, à 1.100 tours et en tenant compte du recul, donne pour l'appareil considéré une vitesse de 65 kilom. environ.

Plans auxiliaires d'équilibrage. Ailerons. — La stabilité transversale est assurée par deux ailerons articulés situés dans le prolongement des ailes et qui se déplacent à l'arrière, lorsque le pilote les fait agir, soit dans les virages, soit pour lutter contre les courants. Ces ailerons dont le déplacement est symétrique et inverse peuvent tourner jusqu'à devenir perpendiculaires au plan des ailes, remplissant ainsi un office analogue à celui du gauchissement. Ils sont reliés solidairement par des haubans de commande dont l'extrémité se trouve dans la main du pilote.

Queue stabilisatrice. — A l'extrémité arrière du fuselage et à 5 mètres des ailes se trouve l'empennage double ou queue stabilisatrice. Cet empennage comporte des plans horizontaux d'une surface de 2m,50 et des plans verticaux réagissant contre les effets latéraux.

L'ensemble stabilisateur, situé très loin du centre de gravité, n'offre pas une résistance considérable à la pénétration et aide au maintien de la direction de l'avancement.

En arrière de l'empennage horizontal se trouve le gouvernail de profondeur, indépendant de cet empennage fixe et manœuvré par un ensemble de leviers et de câbles.

Organes de commande. — Les organes de commande, placés dans le poste du pilote et sous sa main comprennent trois volants :

Un volant commandant le gouvernail de profondeur ;

Un volant commandant les ailerons stabilisateurs ;

Un volant placé sur le même axe que le précédent et commandant le gouvernail de direction.

Le premier de ces volants est à droite, les deux autres, à gauche, peuvent être manœuvrés séparément ou simultanément, les renvois de mouvement étant en concordance ou bien l'on peut mettre le gouvernail de direction au pied.

Deux manettes placées à l'avant commandent l'avance à l'allumage et la carburation.

Un levier au pied permet l'arrêt momentané du moteur qui peut d'ailleurs être arrêté complètement par un interrupteur spécial.

Dispositif d'enlevage. — Lorsque le moteur est en marche, le patin, les béquilles et les crosses permettent au pilote de s'équilibrer sur l'air en roulant sur le sol. La vitesse augmentant, la queue quitte d'abord le sol, puis les béquilles... perdent contact et l'appareil se stabilise jusqu'à rouler seulement sur la roue centrale.

En accélérant encore, l'appareil s'allège et quitte le sol sans transition, sa stabilité étant assurée.

Gouvernail de direction. — Le gouvernail de direction, composé d'un plan vertical, situé dans le prolongement de l'empennage vertical de la queue, est relié par un bras de commande et des câbles métalliques au poste du pilote.

Le poste du pilote placé de telle façon qu'il soit à l'abri de tout choc et de toute projection est constitué par une nacelle capitonnée, dont l'avant, matelassé et cuirassé, forme un abri très efficace, en cas de chute ou d'atterrissage difficile.

Détails de construction. — Il est à remarquer que l'empennage crucial indispensable dans les aéroplanes à carène a été fort heureusement réalisé par les constructeurs de l'aéroplane Antoinette

D'autre part, le fini des différentes parties de l'appareil est très poussé. C'est ainsi que la toile est plusieurs fois vernie et poncée, de manière à réduire au minimum le coefficient de frottement. La carène de l'appareil est également fort bien étudiée, en vue de diminuer la résistance à l'avancement.

Rendement. — L'appareil est muni d'un moteur de 50 chevaux, mais cette puissance, largement calculée, ne correspond pas vraisemblablement à la puissance de régime, voisine de 35 chevaux.

Dans ces conditions, si l'on applique la formule indiquée par M. G. Garnier pour évaluer approximativement le coefficient d'utilisation de l'appareil, c'est-à-dire le rapport du poids utile transporté au poids total, multiplié par la vitesse de marche en mètres par seconde et divisé par la puissance disponible sur l'arbre du moteur, exprimée en chevaux, on trouve pour le rendement pratique de l'appareil 0,117, ce qui le place au deuxième rang des appareils classés après la semaine de Reims.

Nous avons fait entrer dans le poids utile transporté : le poids du train terrestre et le poids du pilote, c'est-à-dire environ

$$90 + 70 = 160 \text{ kilogs},$$

le poids de l'appareil monté étant d'environ 380 kilogrammes et la puissance de régime à 1.100 tours d'environ 35 chevaux.

Résumé des caractéristiques.

Surface portante : 50 mq.
Longueur totale : 11m,50.
Envergure : 12m,80.
Puissance du moteur : 50 chevaux.
Vitesse de l'hélice : 1.100 tours.
Diamètre : 2m,20.
Pas : 1m,30.
Poids total : 380 kil.
Vitesse d'avancement : 60 kil. minimum.
La Société Antoinette construit en outre deux autres types d'aéroplanes plus puissants, pouvant enlever deux et trois personnes, dont le principe est le même, mais dont les caractéristiques sont :
Surface portante : 45 mq. et 95 mq.
Puissance motrice : 50 chevaux et 100 chevaux.
Poids : 380 kil. et 630 kil.
Vitesse : 70 kilom. et 60 kilom.

L'Aéroplane BAYARD=CLÉMENT

Cet appareil complètement étudié et construit dans les ateliers Clément, résume les perfectionnements successifs apportés par les différents constructeurs d'appareils biplans. Il est à ce point de vue fort intéressant et fut très remarqué au Salon de l'Aéronautique, en attendant que l'expérience permette d'appliquer au vol pratique les qualités incontestables qu'il réunit.

L'appareil est du type biplan avec empennage stabilisateur.

Il comprend :

Les plans porteurs ou ailes;

Le train terrestre;

L'empennage stabilisateur;

Le dispositif de stabilité latérale;

Le gouvernail d'altitude;

L'ensemble moto-propulseur;

Le poste de commande;

Le gouvernail de direction.

Plans porteurs ou ailes. — Les plans porteurs ou ailes sont formés par un assemblage de longerons et de nervures sur lesquelles on a tendu un tissu imperméable. L'écartement est maintenu au moyen

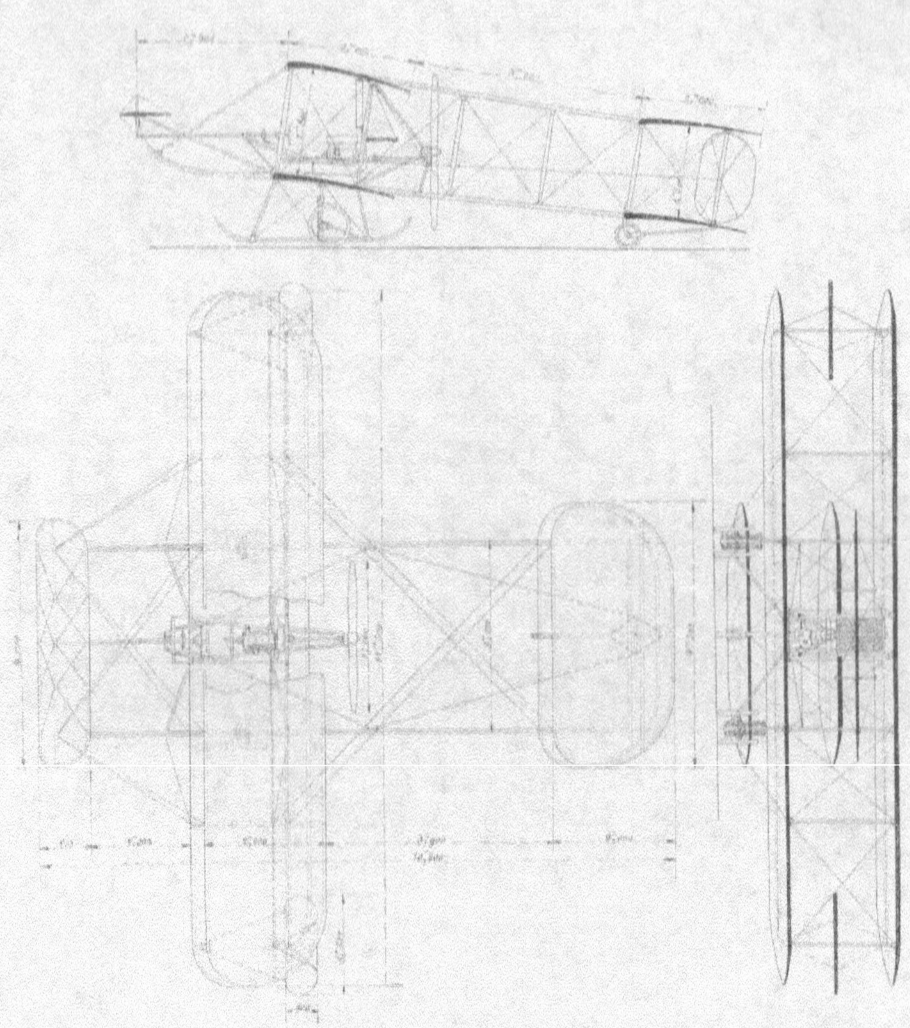

de seize entretoises disposées par deux et une série de haubans convenablement triangulés.

La liaison entre les plans principaux et l'empennage est assurée par une charpente légère de même principe.

L'envergure des ailes est de 11m,30, leur largeur de 2 mètres, l'écartement vertical de 1m,50, la surface totale de sustentation 45 mètres carrés.

La longueur totale de l'appareil est de 11m,50.

Train terrestre. — Comprenant le chariot de lancement et le dispositif amortisseur, ce train est constitué par deux patins situés de part et d'autre de l'axe de l'appareil et faisant corps avec ce dernier. A cheval sur chaque patin, se trouve un groupe de deux roues pouvant coulisser sur un axe vertical pourvu d'amortisseurs en caoutchouc qui servent en même temps de suspenseurs. Une roue située à l'arrière supporte le poids de cette partie de l'appareil.

Empennage stabilisateur — L'empennage stabilisateur est composé de deux plans situés à l'arrière dans le prolongement de la cellule centrale des plans porteurs ; ces deux plans d'une surface de 2 mètres carrés sont maintenus par le prolongement des longerons de réunion et se trouvent à environ 6 mètres des plans principaux.

Leur mode de construction est le même que celui des plans porteurs.

Dispositif de stabilité latérale. — La stabilité latérale est assurée dans le biplan Bayard-Clément par des ailerons gauchissables. Ces ailerons constitués par des panneaux mobiles autour d'un axe horizontal sont situés à chaque extrémité des ailes et à la moitié de l'intervalle qui les sépare.

Ils sont réunis par une transmission, câble et leviers à une pédale placée devant le pilote.

Gouvernail d'altitude — Le gouvernail d'altitude ou équilibreur est monoplan. Il se compose d'une surface de même projection horizontale que les plans principaux, mobile autour d'un axe horizontal; cette surface, placée à l'avant des plans principaux et à 2m,50 de leur bord antérieur est supportée par deux longerons en forme de patins, rejoignant le corps de l'appareil.

Elle a comme dimension 1m,50 × 1 mètre environ.

Ensemble moto-propulseur. — Le moteur est un Clément-Bayard léger, type aviation, 50 chevaux 101-130, vitesse de régime 1.500 tours, 4 cylindres monobloc verticaux.

Le refroidissement se fait par circulation d'eau activée par une pompe centrifuge dans l'espace compris entre les cylindres et une chemise en cuivre rouge rapportée.

Le radiateur est en nid d'abeilles, construit en aluminium et fixé à l'arrière et au-dessus du moteur. Il est soutenu par deux mâts qui entrent dans les piliers entretoisés des plans porteurs.

Le moteur lui-même repose sur un châssis composé de deux longerons en bois fixés par boulon à quatre des entretoises des plans porteurs.

Le graissage par barbotage est assuré par un réservoir débitant en compte-gouttes et par une pompe à huile refoulant l'huile du carter dans le dit réservoir.

La distribution se fait par un seul arbre à cames actionnant des poussoirs commandant les soupapes.

Le carburateur est automatique, à niveau constant annulaire et invariable dans les positions inclinées.

Le poids de ce moteur en ordre de marche est d'environ 110 kilos.

L'embrayage est à segment freinant à l'intérieur d'un tambour solidaire du volant.

La commande de l'hélice a lieu par un démultiplicateur à engrenages enfermé dans un carter et réduisant la vitesse de rotation à 900 tours; la transmission du mouvement de l'engrenage au démultiplicateur se fait par un arbre à double cardan; le démultiplicateur est lui-même supporté par un palier qui est de son côté soutenu par quatre tubes formant pyramide; il peut osciller dans ce palier dont l'axe est dans le prolongement de celui de l'hélice; ses oscillations sont limitées par deux ressorts fixés sur une traverse de l'ossature et d'autre part à l'extrémité d'un levier prolongeant le carter du démultiplicateur; le rôle de ces ressorts est d'équilibrer l'effort du couple du moteur et de supprimer les à-coups.

L'hélice est en bois; son diamètre est de 2m,50, son pas de 2 mètres; elle est calée sur un axe solidaire d'une roue d'engrenage immédiatement à la sortie du carter du démultiplicateur. Elle tourne à 900 tours par minute.

Poste et organes de commande. — Le siège du

pilote est établi à l'avant du moteur et entre les deux longerons qui forment patins.

Le pilote a sous la main :

1° Un volant, dont la rotation commande le gouvernail de direction et la translation le gouvernail d'altitude ;

2° Une manivelle portée par une traverse située sous le siège du pilote et commandant la mise en marche du moteur ;

3° Un levier à droite, commandant le débrayage.

D'autre part, un levier situé devant les pieds du pilote et terminé par une pédale, lui permet d'actionner les ailerons de gauchissement.

Gouvernail de direction. — Le gouvernail de direction est formé par un plan mobile autour d'un axe vertical; il a une surface d'environ 1 mètre carré et se trouve à 4 mètres du bord postérieur des plans principaux, entre les deux plans qui composent l'empennage stabilisateur.

Résumé des caractéristiques :

Surface portante : 45 mq.
Envergure : 11m,3o.
Longueur : 11m,5o.
Puissance motrice : 40 HP,
Vitesse du moteur : 1.500 tours.
Diamètre de l'hélice : 2m,5o.
Pas de l'hélice : 2 m.
Vitesse d'avancement : 16 m. par seconde.
Poids en ordre de marche : 5oo kilos.
Poids porté par mq. : 11k,5.

L'Aéroplane BLÉRIOT nº IX

Blériot a construit un grand nombre de modèles d'aéroplanes, mais sa conception très remarquable du monoplan, dont il est, pour ainsi dire le créateur en France, est basée sur un principe duquel il ne s'est jamais écarté sensiblement. Les modifications de détail qu'il a apportées à ses appareils, soit dans la partie motrice, soit dans les plans porteurs, ne laissent pas moins la place à un type très personnel ; c'est pourquoi nous donnerons la description des aéroplanes Blériot des types IX, XI et XII.

L'aéroplane Blériot nº IX se compose essentiellement de :

Les ailes ou surface portante ;
Le fuselage ou corps fuselé ;
Le train amortisseur ;
L'empennage ou queue stabilisatrice ;
Le dispositif de stabilité transversale ;
Le gouvernail d'altitude ;
Le poste du pilote ;
L'ensemble moto-propulseur ;
Le gouvernail de direction.

Ailes ou surfaces portantes. — Les ailes sont formées par une charpente composée de longerons et de nervures en bois de frène et de peuplier. Leur envergure est de 11ᵐ,20 et leur longueur antéro-postérieure est de 2 m. près du fuselage, les extrémités étant arrondies.

La surface présente une concavité inférieure et est disposée avec une incidence moyenne de vitesse.

Une toile parcheminée est tendue en dessus et en dessous de la charpente, armée de cordes à piano avec tendeurs spéciaux (Voir la figure).

Corps fuselé. — Le corps fuselé est constitué par une poutre armée de section quadrangulaire à l'avant et dont l'arrière s'infléchit en ogive formant poupe.

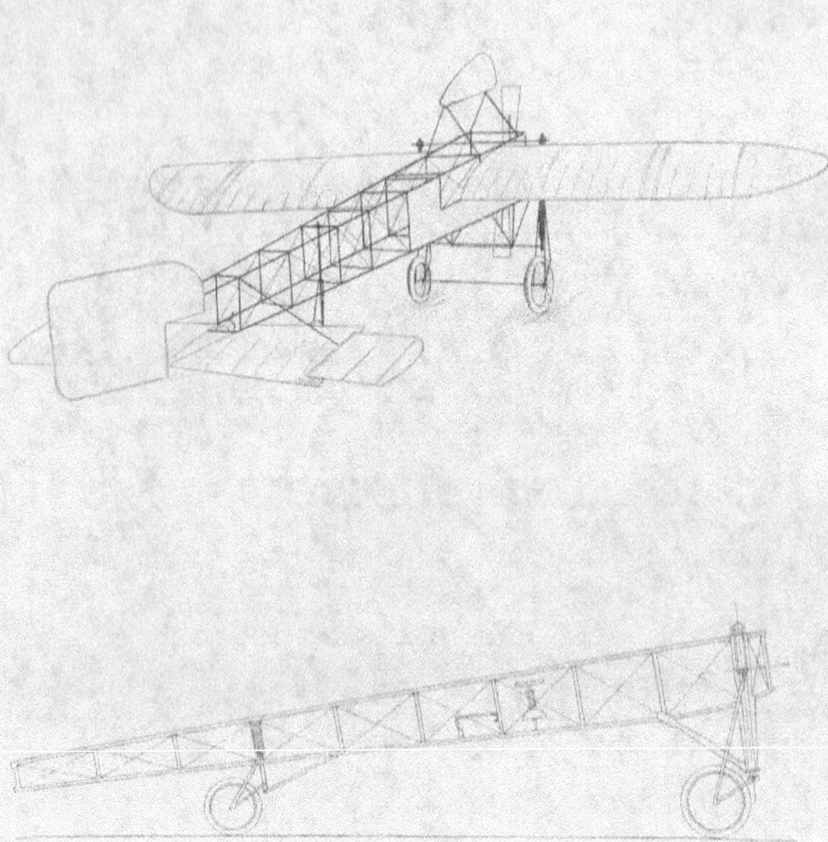

La constitution de ce corps fuselé est remarquable en ce sens que les entretoises des longerons formant la poutre ont été établies en bois de frêne et croisillonnés par des fils d'acier à tension réglable suivant le système de l'inventeur (brevet Blériot). On a ainsi un ensemble parfaitement solide et rigide en même temps qu'indéformable aux chocs.

Train amortisseur. — Ici encore M. Blériot a réalisé un dispositif absolument incomparable et qui ne tardera pas à se généraliser.

A l'avant, un châssis rigide formé de montants

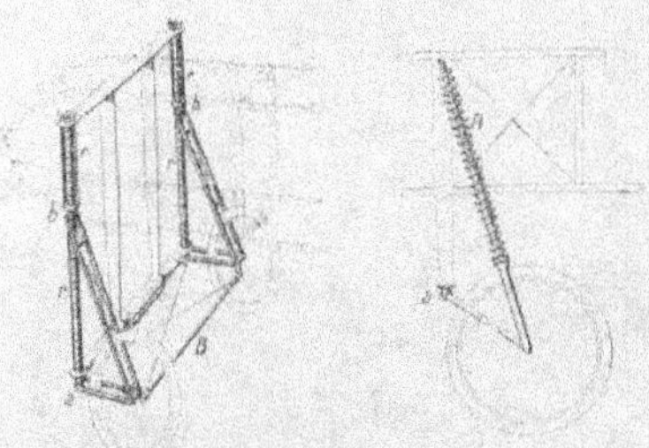

en bois et de tubes assemblés par entretoises et ligatures à lames, supporte la poutre armée qui forme le fuselage.

Il est lui-même porté par deux roues accouplées et pivotant autour d'axes verticaux, la suspension étant assurée par un cadre triangulaire déformable ; deux côtés du triangle aboutissent à l'axe de la roue ; le troisième côté vertical est formé par un montant du châssis. Les trois sommets de ce triangle sont donc :

L'axe des roues ;

La partie basse du châssis ;

Un point du montant vertical qui se déplace par l'action d'un ressort amortisseur.

Chaque sommet présentant une articulation, il en résulte une élasticité remarquable ; d'autre part, la légèreté de ce châssis (33 kilogr.) et sa grande résistance en fait un excellent organe d'atterrissage. Enfin il faut apprécier son extrême simplicité, et le grand nombre de points fixes sur lesquels peuvent s'adapter les corps fuselés de formes les plus diverses. Son poids et de 3o kilogr. environ.

A l'arrière, le principe est le même, l'amortisseur étant disposé en oblique sur le grand côté du

triangle, ou à sa jonction avec le montant vertical, suivant les modèles.

Empennage. — L'empennage stabilisateur est constitué par un plan fixe horizontal fixé sous le fuselage à l'extrémité arrière.

Dispositifs de stabilité transversale. — Dans l'appareil n° IX il se compose de deux ailerons disposés à l'extrémité des ailes et orientables autour d'un axe horizontal transversal. Ces ailerons peuvent être manœuvrés simultanément et dans le même sens ou en sens inverse. Lorsque leur commande coïncide avec celle du gouvernail vertical de direction, ils provoquent par leur déplacement en sens inverse un effet de gauchissement qui corrige le défaut d'équilibre dû au virage. Lorsqu'on les fait agir simultanément et dans le même sens, ils varient l'incidence de l'ensemble et tiennent lieu de gouvernail d'altitude.

Gouvernail d'altitude. — Dans l'appareil n° IX le gouvernail d'altitude est un équilibreur formé d'un plan dont on peut varier l'incidence ; il est placé à l'aplomb de l'empennage stabilisateur à l'arrière du fuselage et son action peut être augmentée par celle des ailerons.

Poste du pilote. — Cette partie des aéroplanes Blériot mérite de retenir particulièrement l'attention, car le poste de commande réalisé par l'inventeur répond à la généralité des appareils actuels et simplifie considérablement les manœuvres.

C'est proprement un organe de stabilisation générale de l'aéroplane par lui-même, l'action résultant du déplacement relatif de deux places, et l'aviateur ayant à se préoccuper seulement d'assurer la position opportune pour le plan de commande qu'il a entre les mains.

Ce plan de commande est une calotte sphérique formant cloche et montée sur cardan.

Au bas de cette cloche sont fixés tous les fils de commande qui permettent la manœuvre simultanée et inverse des ailerons transversaux ou du gauchissement, suivant le type d'aéroplane, et cela opportunément lorsque le gouvernail de direction agit, ou que le vent tend à déséquilibrer l'appareil ; la commande du gouvernail ou des panneaux arrière d'altitude se fait également par cette cloche munie d'un seul levier qui, par sa position, indique la position relative de l'aéroplane, transversalement ou longitudinalement.

Avec ce dispositif, le pilote arrive rapidement à assurer l'équilibre de son engin instinctivement,

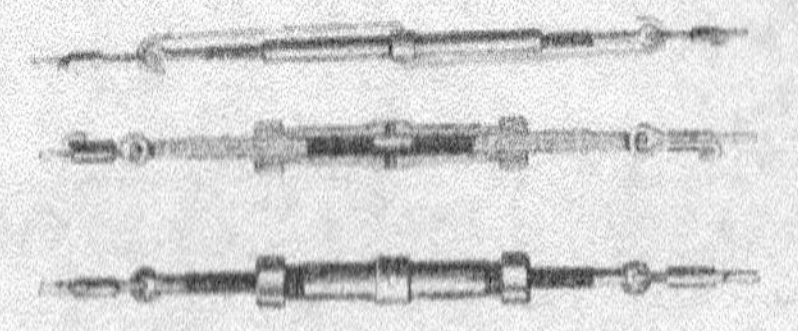

car il a constamment l'indication précise de la position dans l'air. (Voir la figure.)

Dès l'année 1900, M. Blériot avait conçu et réalisé cet ingénieux système de commande.

Le poste du pilote habilement disposé dans le fuselage, entre les ailes, comporte aussi les leviers de commande du moteur disposés pour éviter toute fausse manœuvre.

Ensemble moto-propulseur. — M. Blériot a essayé successivement différents types de moteurs sur ses appareils; celui qui lui permit d'exécuter l'intéressant vol de Toury-Arthenay et retour avec le monoplan n° 9 était un Antoinette de 50 chevaux dont la description est donnée au chapitre consacré aux aéroplanes de cette marque. Le radiateur du type spécial Blériot offrait de grands avantages de légèreté; sa fragilité en rendait l'emploi très délicat.

L'hélice placée sur le n° 9 était à 4 branches, calée sur l'arbre, à l'avant du fuselage et tournait à 1.100 tours avec 2 m,10 de diamètre et 1 m,15 de pas.

Gouvernail de direction. — Le gouvernail de direction est composé d'une surface verticale pivotant autour d'un axe situé à l'extrème arrière du fuselage. M. Blériot a ajouté depuis quelque temps à l'avant de ces appareils, un plan vertical dorsal de dérive qui assure en même temps la fixité de la direction.

Résumé des caractéristiques

Largeur antéro-postérieure : 10 mètres.
Envergure : 11 m,20.
Surface : 22 mq.
Type du moteur : Antoinette.
Puissance du moteur : 50 HP.
Vitesse de l'hélice : 1.000 tours.
Diamètre de l'hélice : 2 m,10.
Pas : 1 m,40.
Vitesse à l'heure en kilomètres : 70.
Poids en ordre de marche : 400 kil.
Poids porté par mq : 24 kilogr.

L'Aéroplane BLÉRIOT n° XI

Cet appareil de dimensions réduites figurait au Salon de 1908. Il est remarquable par sa simplicité et sa facilité de conduite. — Après une série de vols qui amenèrent M. Blériot à lui faire subir d'importantes modifications, après plusieurs changements de moteur, le Blériot XI fit en juin et juillet 1909 de remarquables sorties et devait conduire son constructeur à la glorieuse étape de la traversée de la Manche le 25 juillet, après le prix du voyage gagné le 13 juillet d'Etampes à Chevilly.

L'aéroplane Blériot N° XI comprend :

Les ailes ou surfaces portantes.

Le fuselage ou corps fuselé.

Le train amortisseur.

L'empennage ou queue stabilisatrice.

Le dispositif de stabilité transversale.

Le gouvernail d'altitude.

Le poste du pilote.

L'ensemble moto-propulseur.

Le gouvernail de direction.

Ailes ou surfaces portantes — Les ailes sont formées par une charpente composée de longerons et de nervures en bois d'acajou et de peuplier.

Leur envergure est de 7m,20 et leur longueur antéro-postérieure est de 2 mètres maximum près du fuselage, les extrémités étant arrondies.

La surface présente une concavité inférieure et est disposée avec une incidence moyenne de 8°.

Une toile parcheminée est tendue en dessus et en dessous de la charpente.

Corps fuselé. — Le corps fuselé est constitué par une poutre armée de section quadrangulaire à l'avant et dont l'arrière s'infléchit en ogive formant poupe.

La constitution de ce corps fuselé est remarquable en ce sens que les entretoises des longerons formant la poutre ont été établies en bois de frêne et croisillonnées par des fils d'acier à tension réglable suivant le système de l'inventeur (Brevet Blériot). On a

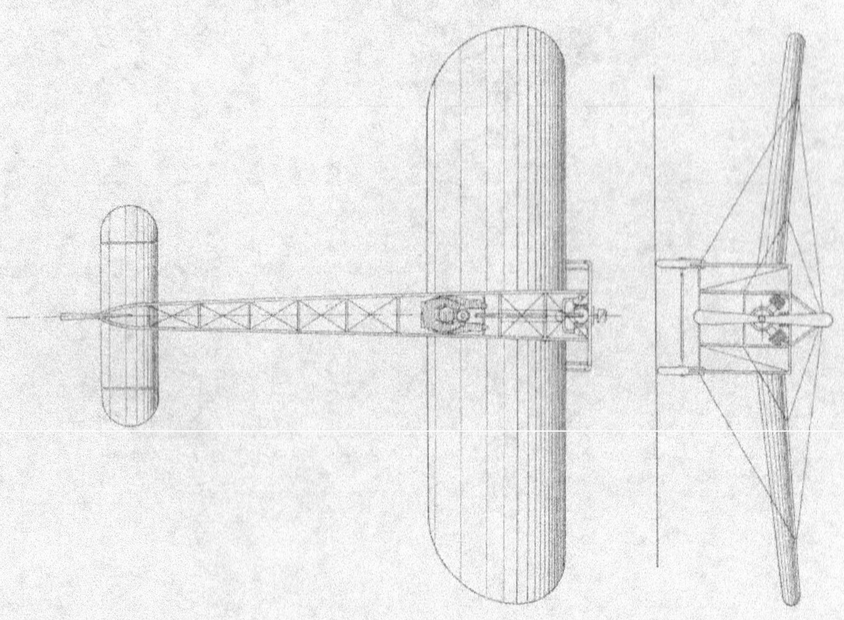

BLÉRIOT N° XI

ainsi un ensemble parfaitement solide et rigide en même temps qu'indéformable aux chocs.

Ce fuselage pèse 20k,500 pour une portée de 7 mètres soit 3 kilos le mètre, et porte facilement une charge de 300 kilog. en son milieu.

Train amortisseur. — Ici encore M. Blériot a réalisé un dispositif absolument incomparable et qui ne tardera pas à se généraliser.

A l'avant, un châssis rigide, formé de montants en bois et de tubes assemblés par entretoises et ligatures à lames, supporte la poutre armée qui forme le fuselage.

Il est lui-même porté par deux roues accouplées et pivotant autour d'axes verticaux, la suspension étant assurée par un cadre triangulaire déformable; deux côtés du triangle aboutissent à l'axe de la roue; le troisième côté vertical est formé par un montant du châssis. Les trois sommets de ce triangle sont donc :

L'axe des roues.

La partie basse du châssis.

Un point du montant vertical qui se déplace par l'action d'un ressort amortisseur.

Chaque sommet présentant une articulation, il en résulte une élasticité remarquable, parfaitement assurée par 4 cordons élastiques Blériot; d'autre part, la légèreté de ce châssis (35 kil.) et sa grande résistance en font un excellent organe d'atterrissage. Enfin il faut apprécier son extrême simplicité, et le grand nombre de points fixes sur lesquels peuvent s'adapter les corps fuselés de formes les plus diverses.

A l'arrière, le principe est le même, l'amortisseur étant disposé en oblique sur le grand côté du triangle, ou à sa jonction avec le montant vertical, suivant les modèles.

Empennage ou queue stabilisatrice. — L'empennage stabilisateur est constitué par un plan fixe horizontal fixé sous le fuselage à l'extrémité arrière.

Dispositif de stabilité transversale. — Dans l'appareil N° XI il est assuré par un dispositif de gauchissement des ailes commandé par câbles et renvois de mouvement à cardan.

De plus un plan de dérive formé d'une surface triangulaire verticale est placé au-dessus de l'axe longitudinal du corps fuselé.

Cet empennage dorsal existe d'ailleurs sur plusieurs autres monoplans, et M. Blériot utilisait déjà son fuselage comme plan de dérive en le recouvrant sous les ailes d'un entoilage approprié.

Gouvernail d'altitude ou équilibreur. — Le gouvernail d'altitude ou équilibreur est composé de deux panneaux mobiles, situés de chaque côté de l'empennage stabilisateur.

Ces deux panneaux sont commandés simultanément par une transmission à cardan tributaire du même levier que celui qui commande le gauchissement.

Poste du pilote. — Le poste du pilote situé en arrière des ailes et à leur hauteur, comprend tous les organes de commande énumérés plus haut et de plus la pédale de commande du gouvernail de direction, et les manettes du moteur.

Nous avons décrit, d'autre part, l'ensemble des commandes des aéroplanes Blériot.

Ensemble moto-propulseur. — Le dernier moteur qui a permis à Blériot d'accomplir ses meilleurs vols est un Anzani 3 cyl. dont voici la description.

Dans le but d'obtenir moins d'encombrement et de poids, on a construit des moteurs à plusieurs cylindres attaquant tous un même maneton de manivelle. On sait que pour avoir des explosions à inter-

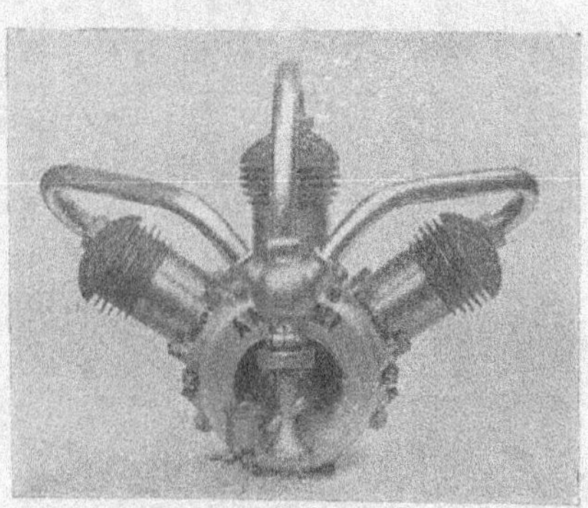

valles égaux, c'est-à-dire pour former un polygone régulier, il faut et il suffit que le nombre des sommets soit premier avec le nombre qui exprime la manière de les joindre. Dans un moteur à quatre temps chaque cylindre doit avoir une explosion et

une seule pendant deux tours de manivelle, il s'en-
suit donc que l'on doit joindre les sommets du polygone de deux en deux ; finalement le nombre de
côtés du polygone doit être premier avec deux, c'est-
à-dire impair.

Anzani étudia d'abord un moteur de cette conception, avec 3 cylindres à calages réguliers. Il retourna
le cylindre du dessous pour éviter les difficultés de
graissage et arriva ainsi à un moteur trois cylindres
à deux manetons. Pour réduire le carter, il fit
centrer le troisième cylindre dans le plan des deux
autres. On obtenait alors un calage irrégulier
300-300-120 qui, si bizarre que cela paraisse, donne
un couple moteur pratiquement régulier. C'est un
moteur de ce genre qui a traversé la Manche.

Les bielles se meuvent entre deux volants et la
résultante des forces vives étant pratiquement constante est parfaitement équilibrée à l'oreille par les
masses réparties empiriquement sur ces volants.

Le moteur Anzani du type Calais-Douvres comprend donc trois cylindres 105 × 130 venus de fonte

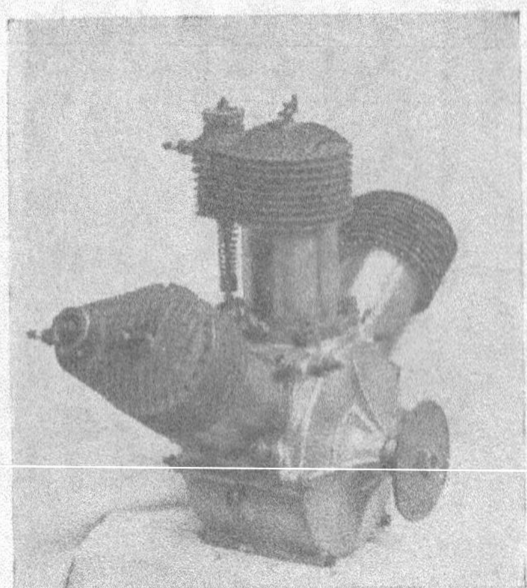

avec leurs ailettes. Les cylindres sont en fonte. Les
pistons ont deux segments. Les bielles sont estam-
pées et chevauchent sur un maneton boulonné entre
deux volants d'acier de 12 kilog. chacun.

Le carter en aluminium se débotte dans le p'an
des bielles et maintient par des prisonniers les
cylindres.

Les soupapes jouent en arrière de la culasse.
Celles d'admission sont automatiques. Celles d'échappement sont commandées séparément par une came
indépendante et d'une seule pièce avec le pignon ce
qui diminue le frottement et facilite le réglage.

L'allumage est fait par accus. Un triple bobinage
transforme un courant de 5 volts en trois courants
basse tension qui sont rompus par un distributeur
spécial. L'extra courant de rupture est alors envoyé
aux bougies.

Le carburateur est un Grouvelle. L'alimentation
se répartit également par une nourrice à trois
branches. Le cylindre du milieu qui a une meilleure
aspiration enrichit ses gaz par une ouverture percée
dans la tuyauterie.

Le poids du moteur est de 65 kilog, y compris les
volants qui y entrent pour 24 kilog. Avec la tuyauterie, le carburateur, la bobine et les accus, le poids
total est 73 kilog.

La puissance effective est de 25 chevaux à 1.400
tours. La consommation d'essence est de 12 litres à
l'heure, et celle d'huile 2 kilog.

L'hélice adoptée définitivement par Blériot sur
son monoplan N° 11 est une « Intégrale » Chauvière
en bois à 2 pales de 2m,08 de diamètre tournant
à 1.400 tours avec un pas de 1m,40 environ.

Elle est calée directement sur l'avant de l'arbre
du vilebrequin.

Gouvernail de direction. — Le gouvernail de
direction est composé d'une surface verticale pivotant autour d'un axe situé à l'extrême arrière du
fuselage.

La commande de ce gouvernail a lieu au moyen
d'une barre placée dans le poste du pilote et à
portée de son pied.

Résumé des caractéristiques.

Longueur : 8 m.
Envergure : 7m,20.
Surface : 14 mq.
Type du moteur : Anzani.
Puissance d° : 25 HP.
Vitesse de l'hélice : 1.400 tours.
Diamètre d° : 2m,08.
Pas : 1m,45
Vitesse à l'heure en kilom. : 58 kilom.
Poids en ordre de marche : 340 kilogr.
Poids porté par mq : 24 kilogr.

L'Aéroplane BLÉRIOT n° XII

L'Aéroplane-monoplan Blériot n° XII est de dimensions plus vastes que les précédents. Il est clair que, dans l'esprit de l'inventeur, cet appareil était destiné à enlever plusieurs personnes.

Ce but fut d'ailleurs brillamment atteint par M. Blériot qui enleva avec lui deux passagers à Issy-les-Moulineaux en juin 1909.

En dehors de cette différence de dimensions, le monoplan n° XII présente cette particularité d'avoir une hélice à démultiplication.

Enfin, par une disposition spéciale du fuselage, le centre de gravité de l'appareil se trouve normalement à 60 centimètres en dessous du centre de sustentation. C'est là un exemple notoire de réalisation de la stabilité par l'abaissement du centre de gravité. Ainsi ont d'ailleurs déjà procédé Vuia avec ses ailes déployées au-dessus du châssis et Santos-Dumont avec la Demoiselle de 1907.

Ce mode de recherche de la stabilité est d'ailleurs concurrencé par le procédé inverse qui consiste précisément à surélever le point d'application de la pesanteur, ainsi que l'a fait M. Levavasseur avec succès dans le monoplan Antoinette, où l'assemblage des trois V, ailes, empennage et corps doit assurer en pleine vitesse une stabilité parfaite.

De même que les monoplans IX et XI, le Blériot n° XII comprend :

Les ailes ou surface portante ;
Le fuselage ;
Le train amortisseur ;
L'empennage ;
Le dispositif de stabilité transversale ;
Le gouvernail d'altitude ;
Le poste du pilote ;
L'ensemble moto-propulseur ;
Le gouvernail de direction.

Ailes ou surface portante. — Les ailes, composées de la même façon que pour les autres appareils Blériot, comportent une charpente longerons et nervures tendue en dessus et en dessous de toile parcheminée, l'armature étant maintenue par un ensemble de corde à piano et tendeurs coniques.

BLÉRIOT Nᵒ XII

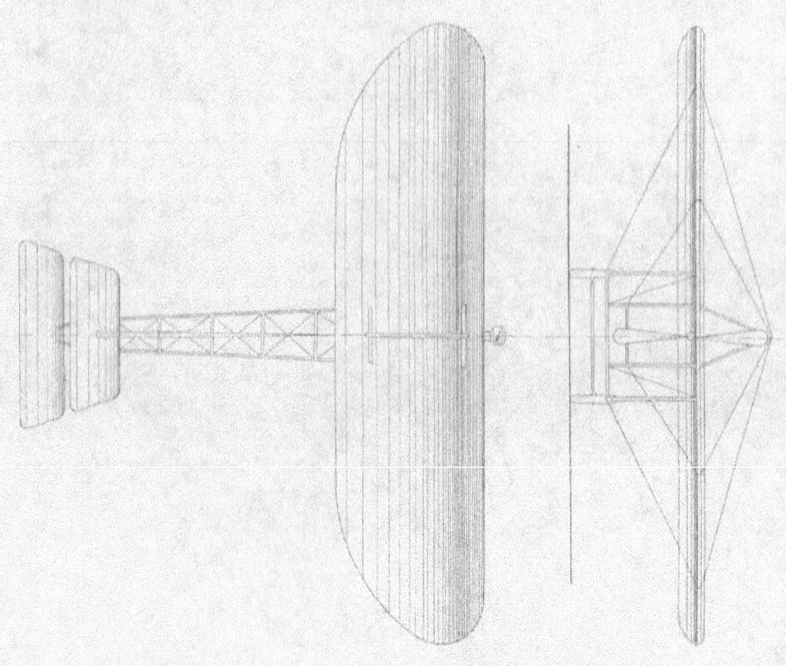

Leur envergure est de 9m,50.

Leur largeur antéro-postérieure de 2m,40.

Fuselage ou corps fuselé. — Le fuselage de cet appareil est disposé de façon telle que l'avant est complètement sous les ailes et porte en contre-bas de celles-ci, moteur, réservoir, radiateur, poste du pilote.

Sa longueur antéro-postérieure est de 10 m. Il est construit de la même façon que sur les autres appareils Blériot, et présente les mêmes avantages de rigidité et de solidité.

Train amortisseur. — Le train amortisseur comporte les mêmes éléments que dans les autres appareils Blériot. Il convient toutefois de remarquer que le siège du pilote et ceux prévus pour les passagers reposent sur la partie basse du châssis.

Les mêmes modes de suspension et d'amortissage employés dans les modèles IX et XI ont servi à la construction du n° XII.

Empennage ou queue stabilisatrice. — L'empennage est composé d'un plan de même forme que les ailes, mais d'une surface de 5 mètres carrés placé à l'extrême arrière du fuselage et dont l'incidence suit celle de la surface portante.

Dispositif de stabilité transversale. — En raison de l'abaissement sensible du centre de gravité, le monoplan Blériot n° XII est pratiquement inchavirable. Il est d'ailleurs muni d'un empennage dorsal triangulaire faisant l'office de plan de dérive.

Gouvernail d'altitude ou équilibreur. — Le gouvernail d'altitude ou équilibreur est constitué par deux panneaux à incidence variable, situés de chaque côté du fuselage à l'extrême arrière et d'une surface de 4 mètres carrés environ.

Poste du pilote. — Le poste du pilote est complètement sous les ailes ; les commandes sont analogues à celle de l'aéroplane Blériot n° XI.

Ensemble moto-propulseur. — Le moteur est un E N V 8 cylindres donnant 35 HP à 1.500 tours et pesant 77 kilos.

Ces moteurs ont huit cylindres en V, de 85 d'alésage et 95 de course ; ils donnent 35 et 70 chevaux à 1.500 tours et pèsent respectivement 80 et 120 kilog. Les bielles attaquent les quatre manetons du vilebrequin reposant sur trois ou cinq longues portées

du carter ; ces manetons sont calés à 180° les uns des autres.

Le vilebrequin est creux et les manivelles sont remplacées par des plateaux-manivelles nervurés pour assurer leur rigidité ; cette disposition permet la suppression des contrepoids et assure l'équili-

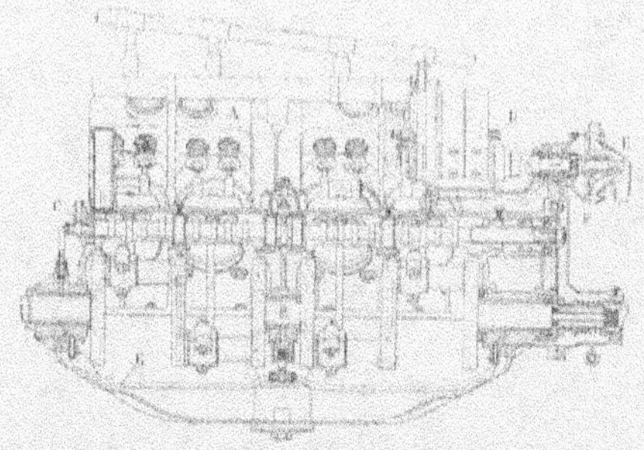

brage des masses mobiles, ainsi que la régularité de la marche.

L'arbre à cames commandant la levée des soupapes est également foré dans toute sa longueur et les cames font corps avec lui. Les soupapes d'admission et d'échappement sont commandées et disposées côte à côte dans la même boîte à soupapes

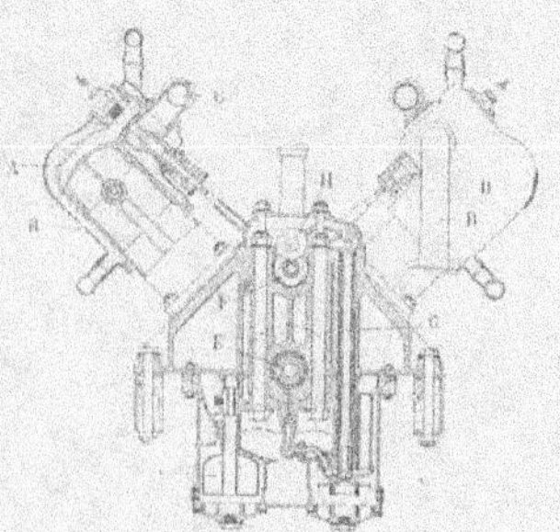

correspondant à chaque cylindre. Cette disposition permet d'utiliser le même arbre à cames pour la commande de toutes les soupapes, dont les axes sont inclinés par rapport à ceux des cylindres, de façon à réduire autant que possible le volume des espaces morts. Ces soupapes sont actionnées par l'intermédiaire d'un poussoir à galet roulant sur le profil de la came correspondante et dont l'axe est monté dans une chape se déplaçant verticalement dans un guide fixé sur le carter.

Le graissage des diverses parties du moteur est assuré par une circulation constante d'huile en circuit fermé, et dont le débit est réglé par un flotteur à niveau constant disposé dans la chambre d'arrivée où plonge la crépine de la pompe de refoulement. La pompe est logée dans la cloison médiane du carter du moteur et peut être facilement enlevée; elle est mise en action par un basculeur que commande une came spéciale taillée sur l'arbre de distribution; le refoulement, sur lequel est branchée une chambre à air régulatrice, est relié à la cavité centrale d'une des portées extrêmes du vilebrequin, ainsi qu'à celle de l'arbre à cames.

Les manetons sont respectivement reliés entre eux et aux portées de l'arbre au moyen de canaux disposés dans les plateaux-manivelles, de sorte qu'une circulation continue d'huile alimente toutes les surfaces de frottement des deux arbres; en outre, les manetons communiquent avec les têtes de bielles dont les tiges sont creuses. L'huile sous pression est refoulée dans le canal central et, de là, dans le tourillon creux du piston qui alimente la surface externe de celui-ci; un dispositif spécial ne permet le passage de l'huile à la surface externe du piston que lorsque celui-ci est à fin de course et a subi l'action explosive.

Le refroidissement des cylindres est opéré par circulation d'eau forcée, au moyen d'une petite turbine intercalée entre le radiateur et les chambres de circulation entourant les culasses des divers cylindres moteurs.

Les parois des enveloppes sont en cuivre mince, ce qui facilite encore le refroidissement de l'eau qui y circule.

L'allumage se fait par une magnéto disposée à l'avant du moteur et commandée par l'arbre distributeur et par des engrenages; cette disposition permet, par un déplacement longitudinal du pignon monté sur l'arbre principal et dont les dents sont inclinées, de décaler d'une même quantité, réglable à volonté, les cames et le distributeur de la magnéto, de façon à modifier les temps d'allumage.

Le moteur E. N. V. a déjà été monté sur plusieurs aéroplanes : ceux de M. Moore Brabazon, de M. Blériot (monoplan qui a enlevé deux passagers le 3 juin), enfin de MM. Voisin frères.

La transmission comporte une démultiplication dans le rapport de 36 à 14.

L'hélice du type Chauvière « Intégrale » mesure $2^m,70$ de diamètre et $1^m,80$ de pas. Elle est montée à l'avant du fuselage, qui supporte également la tuyauterie, le carburateur, la magnéto, le réservoir d'eau et le radiateur.

Gouvernail de dirction. — Le gouvernail de direction, composé d'un plan vertical de $1^m,60$ sur 1 m., pivote autour d'un axe à l'aplomb de l'avant de l'équilibreur.

Résumé des caractéristiques.

Longueur : 10 mètres.
Envergure : $9^m,50$.
Surface : 22 mq.
Type du moteur : E N V.
Puissance du moteur : 35,50 HP.
Vitesse du moteur : 1.500 tours.
Vitesse de l'hélice (mesurée) : 600 tours.
   —   —   (possible) : 800 tours.
Diamètre de l'hélice : $2^m,70$.
Pas de l'hélice : $1^m,80$.
Vitesse à l'heure en kilomètres : 70.
Poids en ordre de marche : 550 kilogr.
Poids porté par mq. : $550/22 = 25^k,4$.

L'Aéroplane BRÉGUET=RICHET

OMBINAISON ingénieuse du planeur et de l'hélicoptère, cet appareil, bien que n'ayant accompli aucun vol décisif, valait quelques lignes de description. Il est l'œuvre de M. Louis Bréguet et résulte de la transformation de l'appareil combiné par MM. Louis et Jacques Bréguet et Charles Richet en 1908.

Cet appareil a été établi en vue d'un démontage facile; il est en acier et aluminium.

Il comprend :

Les plans principaux (ailes fixes).

Les hélices gyroplanes.

La suspension amortisseuse.

L'ensemble moteur.

Plans principaux. — Ils sont composés de nervures reliées élastiquement à un tube membrure, ce qui permet le gauchissement et une grande souplesse dans le glissement.

Leur surface est de 60 mq.

Deux dont l'envergure est de 10 m. sont placés à l'avant des hélices.

Deux dont l'envergure est de 14 m. sont placés à l'arrière.

Leur longueur antéro-postérieure est de 1m,50 et l'espace entre eux est de 2 mètres. Ils sont accouplés élastiquement.

La longueur totale de l'appareil est de 9 mètres.

Hélices gyroplanes. — Les hélices gyroplanes ont un diamètre de 4ᵐ,25 et sont inclinées de 40 c, sur la verticale. Un dispositif permet d'en faire varier le pas. Les pales sont d'une grande souplesse et articulées en tous sens. La transmission du mouvement a lieu au moyen d'un pignon d'angle.

Suspension amortisseuse. — Le châssis porteur de l'appareil comporte un fuselage avec avant fusiforme, deux trains de roues et un bâti d'une légèreté et d'une rigidité remarquables sur lequel se fixent le moteur et les hélices ainsi que le poste du pilote.

Il est muni de la très originale suspension amortissante Louis Bréguet dont voici la description.

Ce système de suspension amortissante a pour but d'empêcher les atterrissages brutaux des appareils d'aviation. Il est fondé sur les lois de l'écoulement des liquides.

Un cylindre creux A (*fig.* 1) formant corps de pompe est relié aux roues portantes B sur lesquelles repose l'appareil. A l'intérieur du corps de pompe coulisse un piston C relié par une tige creuse D étanche ou non, en un point E du châssis de l'appareil. La course du piston à l'intérieur de A est aussi grande que l'on veut. Le corps de pompe A est rempli de liquide et le piston C est percé d'un ou plusieurs orifices *a* qui permettent l'écoulement

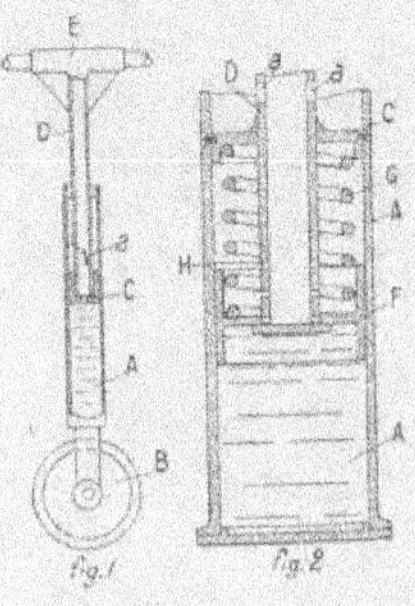

du liquide entre la partie inférieure et la partie supérieure, et vice-versa, du corps de pompe.

Quand l'appareil d'aviation est enlevé, c'est-à-dire en l'air, le poids des roues et du corps de pompe A fait descendre ce dernier à fond de course et le liquide

vient remplir la partie inférieure du corps de pompe.

Quand l'appareil atterrit, le liquide se comprime violemment dans le corps de pompe et il s'écoule à travers les orifices du piston avec une vitesse proportionnelle à la racine carrée de la pression de ce liquide. La vitesse vive de l'appareil d'aviation s'amortit ainsi progressivement pendant que le piston descend dans le corps de pompe et la force vive que possédait l'appareil se transforme en calories qui échauffent le liquide.

A orifice constant, la vitesse de descente du piston est proportionnelle à la vitesse de l'écoulement du liquide et par conséquent proportionnelle à la racine carrée de la pression liquide.

On peut avoir intérêt à rendre la vitesse de descente du piston proportionnelle à la pression ou mieux au carré de cette pression du liquide; il faudra pour cela que la section des orifices soit fonction de la vitesse d'écoulement. On obtiendra ce résultat en commandant les orifices du piston par des soupapes ou clapets automatiques, munis de ressorts convenables, ou par des lumières commandées par des cames; l'orifice deviendra ainsi fonction de la pression du liquide et on pourra faire tel réglage que l'on voudra.

La figure 2 montre une disposition possible de cette soupape à l'intérieur de l'amortisseur. A est toujours le corps de pompe relié aux roues portantes; C est le piston porté par la tige creuse D; F est une soupape reliée au piston C par le ressort à boudin G; HH sont les lumières que la soupape F vient démasquer successivement quand la pression du liquide en A fait céder le ressort G.

La tige creuse D peut être étanche ou non. Si elle est étanche, le liquide en montant dans la tige D y comprime l'air qui y est emprisonné.

Ensemble moteur. — Le moteur avec lequel fut essayé cet appareil est un Gobron Brillié de 60 chevaux auquel est annexé un radiateur G. A. à tubes planants établis pour que l'air passant dans ces tubes en utilise la surface et puisse, l'appareil étant en vitesse, y créer un auxiliaire sustentateur.

Grâce aux hélices gyroplanes, on peut escompter un allègement très rapide de l'appareil et rendre possible l'essor après une vingtaine de mètres de roulement sur le sol, ce qui a une importance considérable.

Bréguet-Richet

Résumé des caractéristiques

Surface portante : 60 mq.
Longueur : 9 m.
Envergure, avant : 10 m.
Arrière : 14 m.
Diamètre des hélices : $1^m,35$.
Vitesse d° : 600 tours.
Puissance des moteurs : 45-60 chevaux.
Vitesse à l'heure : 60 kil.

Poids complet : 550 kil.
Allégement par les gyroplanes : 300 kil.
Puissance propulsive : 250 kil.

Construit à Douai dans les ateliers Bréguet, l'aéroplane Bréguet-Richet est une remarquable réalisation mécanique des idées très personnelles de ses inventeurs.

Les essais au point fixe, effectués à Douai, ont donné des résultats à noter. M. Bréguet s'est depuis occupé de biplans pourvus d'une seule hélice propulsive.

L'Aéroplane CODY

Depuis longtemps déjà M. S. F. Cody, s'occupe d'aviation et bien que ses essais préliminaires aient été salués dans son pays même par un scepticisme peu encourageant, il faut reconnaître que l'éminent inventeur a fait preuve du plus pur esprit de patriotisme et de dévouement à la science aéronautique en orientant surtout vers les applications militaires les études de son aéroplane.

M. S. F. Cody a certes rendu au gouvernement anglais les plus grands services en mettant au point ses expériences de cerfs-volants et si sa carrière d'aviateur fut au début parsemée d'écueils imputables à l'incrédulité publique, il faut se hâter de reconnaître que les événements se sont chargés de la réhabilitation de l'appareil Cody.

Leur sympathique pilote voit s'ouvrir devant lui le plus brillant avenir.

On sait que depuis plusieurs années M. S. F. Cody s'était adonné à l'étude du cerf-volant à nacelle et qu'il avait alors dans cet ordre d'idées, réussi plusieurs expériences remarquables en arrivant à un équilibrage parfait de ses appareils.

Depuis s'inspirant autant de ses idées personnelles que des essais qu'il avait passionnément suivis, M. Cody, songeant avant tout au rôle exceptionnellement précieux des aéroplanes en guerre, étudia et réalisa le très curieux appareil dont nous donnons ci-dessous une description succincte. Cet appareil a permis à S. F. Cody d'exécuter au-dessus du camp d'Aldeshot de fort remarquables vols en

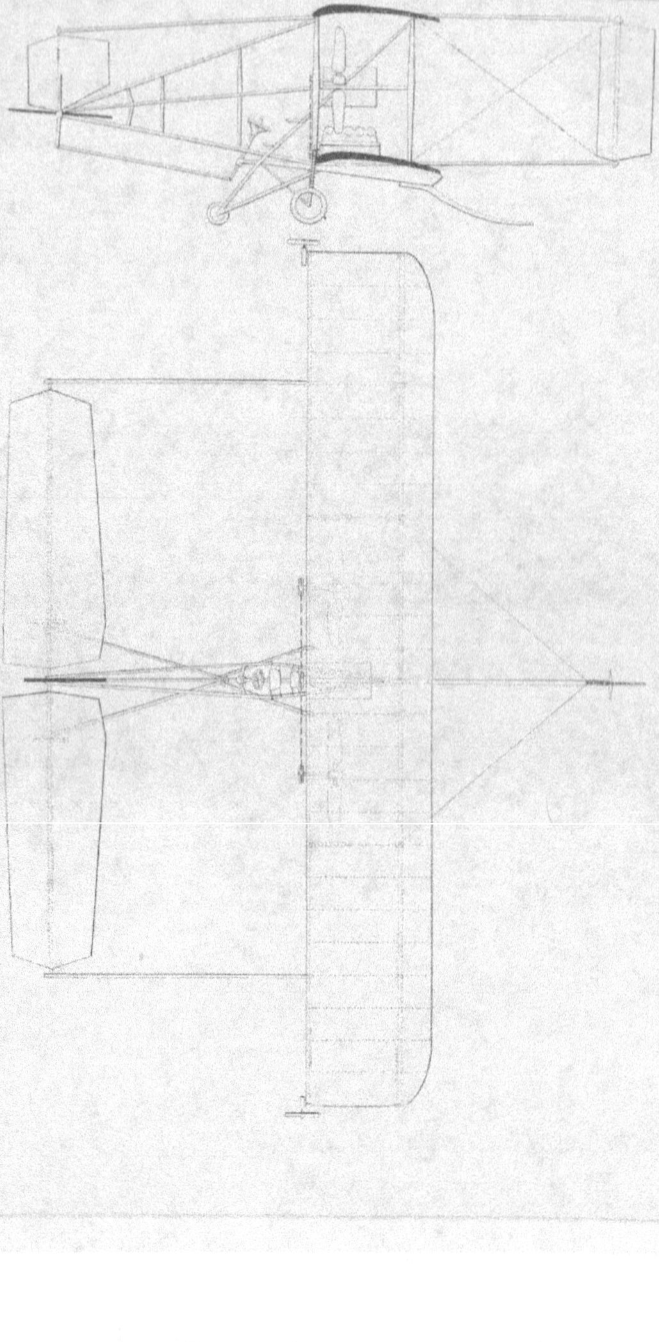

campagne, dont un de 75 km. le 12 septembre 1909
et d'autres avec passagers. Il est à désirer que
S. F. Cody vienne en France chercher la consécration de ses travaux vraiment remarquables.

L'aéroplane S. F. Cody appartient à la catégorie
des biplans. Il procède surtout du système Wright,
en ce sens qu'il ne possède pas d'empennage. Hâ-
tons-nous de dire que les nombreux brevets qui
garantissent à S. F. Cody la propriété de son appareil sont totalement différents de ceux des Wright;
quoiqu'il en soit, ceux-ci eussent plutôt trouvé
matière à chicane à l'égard de S. F. Cody, qu'à
l'égard de G. H. Curtiss dont l'appareil est infiniment plus personnel.

Le biplan Cody se distingue surtout par ses
dimensions notablement plus vastes que celles des
autres aéroplanes; son originalité de conception
n'est pas douteuse et il faut remarquer que
S. F. Cody a apporté lui-même dans l'établissement
de son appareil une très grande habileté profession-
nelle.

L'appareil comprend :

Les plans porteurs ou principaux;

Le châssis porteur;

Le gouvernail d'altitude;

Le dispositif de stabilité;

Le poste du pilote;

L'ensemble moto propulseur;

Le gouvernail de direction.

Plans principaux. — Les plans principaux
sont formés de longerons en bambous munis de
nervures et tendus en dessus et en dessous d'un
tissu souple enduit.

Ils sont entretoisés par des bambous avec assemblages métalliques et bambous en fil d'acier.

Leur envergure est de 15ᵐ,60.

Leur longueur antéro-postérieure de 2ᵐ,50.

L'espace libre entre les deux plans est de 3 mètres dans la partie médiane et de 2ᵐ,70 aux extrémités.

S. F. Cody fait intervenir dans l'efficacité sustentatrice le rapport entre l'envergure et l'écartement des plans. Il établit que, par l'appareil décrit
ici, ce rapport $\frac{15^m,60}{2^m,70}$ est voisin de 7 et favorable à la
sustentation.

En ce qui concerne le rapprochement des deux
plans aux extrémités latérales, S. F. Cody fait
allusion au dispositif analogue décrit par les
Wright et employé par eux par leurs vols planés sans

avoir été appliqué à leurs appareils mécaniques.

G. H. Curtiss dans son « June Bug » avait également employé ce genre d'espacement des plans
porteurs, mais il en résultait une sorte d'ellipse,
chacun des plans présentant une concavité intérieure.

Dans l'appareil Cody, les deux plans sont incurvés parallèlement et de plus les extrémités des
ailes sont légèrement en contre-courbe, de façon à
former un aplatissement.

Châssis porteur. — Le châssis porteur est particulièrement intéressant, tant par sa construction
entièrement en bambou et aluminium fort adroite-
ment triangulés, que par les aménagements origi-
naux disposés pour le pilote et les passagers. Ce
châssis affecte la forme d'un fuseau très effilé et
dont les armatures se raccordent aux montants
d'espacement des plans principaux, tout en servant
de support au gouvernail d'altitude.

Bien que monté sur trois roues, il roule seulement sur les deux roues arrière au moment du lancement ; la troisième roue, placée en avant, remplit,
concurremment avec un patin dont la disposition
rappelle la queue d'un kangourou, l'office d'amortisseur et de suspension élastique. Sur son essieu
vient, en effet, se fixer, en même temps qu'un
support du châssis, une tige qui traverse diagonale-
ment, dans le sens antéro-postérieur, l'espace
compris entre les plans principaux. Entre l'avant
du châssis et l'arrière du patin la longueur est de
9 mètres.

La longueur du châssis au poste du pilote est
seulement de 6ᵐ,80.

Gouvernail d'altitude. — La construction du
gouvernail d'altitude est du même principe que celle
des plans principaux. Toutefois, ce gouvernail est
monoplan. Il est remarquable par ses grandes
dimensions.

Composé de deux surfaces presque rectangu-
laires de chacune 5 mètres d'envergure sur 2 mètres
de longueur antéro-postérieure moyenne, ce gouvernail offre cette particularité d'être à la fois équilibreur longitudinal et transversal.

En effet, chaque moitié de ce gouvernail est auto-
nome, et par un ingénieux dispositif le pilote peut
manœuvrer dans le même sens ou inversement les
deux plans qui le composent.

Il en résulte que par un mouvement approprié
l'aviateur obtient l'effet du gouvernail d'altitude ou

bien d'un auxiliaire de redressement analogue au gauchissement ou aux ailerons stabilisateurs.

Le mouvement qui produit l'effet stabilisateur est d'ailleurs conjugué du mouvement imprimé au gouvernail de direction et cela par une disposition spéciale du siège du pilote.

Lorsque l'aviateur désire faire un vol comportant des virages à court rayon, il peut disposer à l'arrière de ses plans principaux et aux extrémités des plans supplémentaires rappelant un peu les ailerons stabilisateurs de l'aéroplane Antoinette.

Notons en passant que S. F. Cody avait depuis longtemps appliqué le principe du gauchissement sur les cerfs-volants, qu'il expérimenta avec succès, à maintes reprises, mais il pratiquait ce gauchissement sous forme de réglage de l'appareil entre deux vols.

Le gouvernail d'altitude est situé à 5 mètres en avant des plans principaux, et fixé par quatre bras, deux au châssis porteur et deux aux plans principaux.

Poste du pilote. — Dans l'établissement de cette partie de son appareil, S. F. Cody a montré une originalité très particulière. Il a cherché à faire de son biplan, non pas un appareil d'essai ordinaire, mais un véritable moyen de transport rapide de 1, 2 ou 3 personnes remplissant chacune des fonctions différentes, en temps de guerre.

C'est ainsi que le pilote même, est assis sur un premier siège en avant du moteur, ayant entre les mains le volant qui commande par cardan le gouvernail de profondeur, l'équilibreur et un autre levier commandant les organes moteurs; le pilote agit, également, sur l'équilibre de l'appareil en déplaçant sa position.

Un second siège est prévu en arrière et au-dessus du premier. Il doit servir à l'observateur et seconder ainsi le pilote, absorbé par les manœuvres.

Un troisième siège peut également être adjoints aux deux autres, en vue de permettre à un élève pilote de suivre attentivement les opérations du professeur.

Ces différents postes sont tous en avant du moteur et en dehors de la zone d'aspiration des hélices.

Ensemble moto-propulseur. — L'ensemble moto-propulseur comprend un moteur E. N. V. de 80 chevaux à 8 cylindres, commandant par chaîne deux hélices tournant en sens opposé entre les plans et à 0m50 du bord antérieur. Les axes de rotation de ces hélices se trouvent à 3m,35 l'un de l'autre, elles tournent à 600 tours et leur diamètre est de 2m50. Tous les roulements sont à billes, les paliers étant montés sur des croisillons en acier tubulaire. Les hélices sont à deux pales, dont la forme est absolument différente des hélices ordinairement employées, ainsi que la construction et l'utilisation des filets fluides.

Ces hélices font l'objet de brevets spéciaux et M. S. F. Cody explique qu'elles ont été établies en vue d'éviter les réactions brusques, par une graduation spéciale des angles d'attaque, une cambrure progressive avec le pas et enfin un meilleur rendement des pales plus larges près du moyeu qu'aux extrémités.

On trouvera d'autre part (Blériot XII), une description détaillée du moteur E. N. V. de 50 chevaux, dont le moteur E. N. V. de l'aéroplane Cody ne diffère que par quelques détails de construction.

Gouvernail de direction. — Le gouvernail de direction du biplan Cody est double, ainsi que le gouvernail d'altitude. Il est composé de deux plans verticaux dont l'un, placé à l'avant et de 2m,50 de surface, est allongé dans le sens de la marche, et l'autre, placé à l'arrière, et de 3 mq. de surface est un rectangle beaucoup plus haut que large, genre Wright.

Le gouvernail d'avant est à 5 mètres des plans principaux, le gouvernail d'arrière à 4 mètres environ. Ils sont solidaires et manœuvrés simultanément par le pilote en même temps que les plans avant d'équilibre transversal.

Résumé des caractéristiques :

Envergure : 15m,60.
Longueur totale : 12 mètres.
Longueur antéro-postérieure des plans, 2m,50.
Hauteur totale : 4m,25.
Écartement des plans : 2m,70.
Type du moteur : E. N. V.
Puissance du moteur : 80 HP.
Vitesse des hélices : 600 tours.
Diamètre des hélices : 2m,50.
Vitesse en km. à l'heure : 55 km;

L'appareil Cody, est avec le Blériot n° 10 (biplan), le plus grand qui ait été construit et qui ait effectué des vols jusqu'à ce jour.

L'Aéroplane CURTISS

Dans l'établissement de son appareil, M. G. H. Curtiss a surtout cherché la réalisation des grandes vitesses.

Après avoir, avec le concours de plusieurs amis, conçu et construit d'intéressants appareils dont les plus connus sont : le June Bug, le Red Wing, le White Wing et le Silver Dart, celui-ci maintes fois décrit, où le principe du biplan s'accompagnait des dispositifs les plus divers, M. Curtiss songea à travailler pour son propre compte et monta l'appareil dont on a pu à Reims enregistrer les performances jusqu'ici imbattables, officiellement du moins.

L'appareil Curtiss est bien l'œuvre d'un expérimentateur savant et audacieux ; il évoque par sa forme les phases successives d'études de vol plané poursuivies avec une ténacité digne d'éloges par son auteur.

La légèreté et la parfaite solidité sont les deux impressions immédiates que l'on éprouve en l'examinant ; il semble que le pilote initié à la manœuvre d'un tel appareil s'enlève avec la plus grande facilité et qu'une parfaite harmonie dans l'ensemble des commandes évite à l'aviateur toute éventualité de fausse manœuvre.

L'absence de tout organe imprécis, de tout intermédiaire susceptible de provoquer l'hésitation, la réalisation par des moyens fort simples mais de haute valeur mécanique, de tous assemblages et

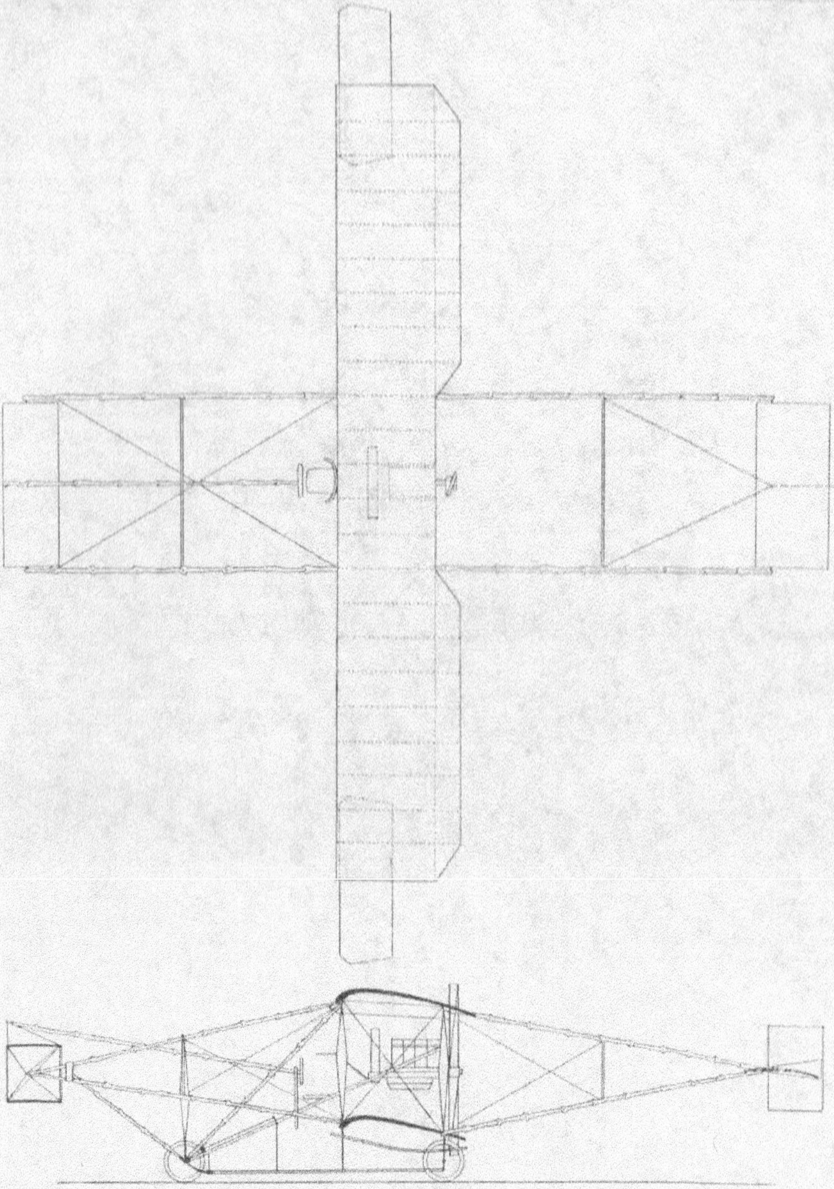

renvois de mouvement, expliquent clairement pourquoi le biplan Curtiss peut, entre les mains d'un habile pilote, accomplir les vols les plus hardis.

Ajoutons que le moteur et l'hélice peuvent assurer sans un raté ni une variation de régime la marche au gré de l'aviateur, ce qui est, nous devons le reconnaître, tout à fait exceptionnel.

Le biplan Curtiss comprend :

Les plans principaux ;

Les surfaces auxiliaires d'équilibre transversal ;

Le bâti porteur ;

Le train de roulement ;

Le gouvernail d'altitude ;

L'empennage ;

L'ensemble moto-propulseur ;

Le gouvernail de direction ;

Le poste de commande.

Plans principaux. — Les plans principaux sont constitués par deux ensembles, longerons et membrures, de chacun $12^{mq},500$ de surface ; ce qui donne un total de 25 mètres carrés de surface portante.

Une seule toile est tendue au-dessus des membrures, la partie inférieure restant à bois nu. M. Curtiss explique que la surface supérieure seule des ailes de l'oiseau est parfaitement lisse.

Les entretoises et assemblages des plans principaux sont presque entièrement constitués de bambou et corde à piano.

Surfaces auxiliaires d'équilibre transversal. — Entre les deux plans principaux de son appareil et aux extrémités, M. Curtiss a établi des surfaces à inclinaison variable de 4 mq. environ et grâce auxquelles il obtient un effet analogue à celui du gauchissement, en combinant leur inclinaison avec le déplacement du centre de gravité.

A cet effet, le câble de commande de ces surfaces est fixé au siège de l'aviateur, en sorte que si, par exemple, l'appareil s'incline à droite et qu'il cherche à redresser les plans, le pilote s'incline à gauche dirigeant vers le sol la surface auxiliaire de droite et vers le ciel la surface auxiliaire de gauche. La combinaison de ce déplacement du centre de gravité et de la variation opportune d'incidence réalise l'équilibre cherché sans manœuvre spéciale.

Nous devons dire que des aviateurs français ont usé du même principe.

Bâti porteur. — D'une grande légèreté et fort simple le bâti porteur est composé d'une charpente de bambou et d'acier savamment triangulés ; la place du pilote est sur le bâti même en notable surélévation par rapport aux plans principaux, ce qui place assez haut, par rapport au centre de pression, le centre de gravité de l'appareil.

Train de roulement. — Le train de roulement est absolument élémentaire ; trois petites roues sont fixées : deux sous la partie postérieure du plan principal inférieur, la troisième au point de jonction des tiges de connexion entre l'avant des plans, le plan de suspension du moteur et le gouvernail d'altitude ; jonction qui s'opère sur l'essieu même de cette roue, relié d'autre part à l'essieu qui porte les deux roues arrière.

Il est à signaler que ce train n'est muni d'aucun dispositif amortisseur.

Gouvernail d'altitude. — Le gouvernail d'altitude est biplan avec, dans la partie médiane un petit plan vertical d'orientation. Son envergure est faible et sa surface $2^{mq},5$ environ. Ainsi sa résistance à l'avancement est réduite au minimum.

Il est placé à 3 mètres en avant des plans principaux.

Empennage. — L'empennage ou dispositif de stabilisation arrière est monoplan ; sa surface est de 3 mq ; il est situé à 6 mètres en arrière des surfaces portantes et son action stabilisatrice est remarquablement sensible malgré ses dimensions réduites.

Ensemble moto-propulseur. — Le moteur est un Curtiss 50 chevaux, 8 cylindres, refroidissement par eau ; dont ci-dessous la description.

Le moteur Curtiss comporte 4 cylindres verticaux de $113^{m/m}$ d'alésage et de $127^{m/m}$ de course.

Les cylindres sont en fonte coulée avec chemises en cuivre soudure autogène. Le refroidissement a lieu par circulation d'eau et pompe.

Le graissage est assuré d'une façon très efficace ; la pompe à huile se trouve dans le carter ; elle est commandée par l'arbre des cames ; l'huile est envoyée à travers l'arbre creux des cames aux paliers principaux et de là aux coussinets des manivelles et bielles ; l'excédent est renvoyé du carter à un réservoir distinct placé sous le moteur, et la pompe le reprend à nouveau.

Le carter en aluminium composition de Mac Adamite, les arbres sont en acier vanadié, les pistons et bielles en alliage léger où entre l'aluminium.

Une seule tige munie d'une came actionne les soupapes.

L'allumage a lieu par magnéto Bosch.

La puissance développée est de 25 HP à 1.300 tours, la vitesse pouvant être portée à 1.800 tours.

Le poids du moteur, en y comprenant la pompe à eau et les organes de graissage est de 42 kilos, si l'on y ajoute le dispositif d'allumage, le radiateur, les accessoires, on arrive au poids total en ordre de marche de 85 kilogrammes soit $3^k,4$ par cheval.

La position du moteur est telle que l'axe de son arbre coïncide avec une ligne tirée du pivot de commande avant à celui de commande arrière, à 1 mètre environ au-dessus de la poutre arrière.

L'hélice est une « intégrale » du type Chauvière, à 2 pales, son diamètre est de $2^m,60$; son pas de $1^m,15$, elle tourne à la vitesse de 1.200 tours, ce qui correspond à une vitesse d'avancement de l'appareil de 72 kilomètres à l'heure.

L'hélice est placée directement sur l'arbre des manivelles et immédiatement derrière les plans principaux.

Gouvernail de direction. — Le gouvernail de direction est composé d'un plan vertical dont la surface est de 2 mètres carrés il porte en sa partie médiane une rainure qui permet de le faire pivoter en chevauchant sur l'empennage stabilisateur.

Il est relié par des leviers et des câbles au poste du pilote.

Poste de commande. — Le poste où se tient le pilote est aménagé à l'avant des surfaces principales et surélevé de $0^m,50$.

Le pilote a à sa disposition :

I. Un volant de double commande dont la rotation actionne le gouvernail vertical ou de direction, et dont la translation dans le sens ou en sens inverse de la marche actionne le gouvernail d'altitude. L'aviateur a donc sous la main les deux mouvements principaux.

II. Un dispositif d'équilibrage réalisé par le siège même du pilote et deux câbles conjugués qui actionnent simultanément et en sens inverse les plans auxiliaires d'équilibre transversal (voir plus haut l'action de ces plans).

III. Trois pédales dont l'une agit sur l'admission des gaz dans le moteur, la deuxième sur un injecteur d'huile, et la troisième sur un frein qui permet d'arrêter l'appareil une fois à terre en agissant sur la roue avant.

Résumé des caractéristiques.

Longueur : $8^m,50$.
Envergure : 9 mètres.
Surface : 24 mq.
Type du moteur : Curtiss 8 cyl. en V.
Puissance du moteur : 50 chevaux.
Vitesse de l'hélice : 1.200 tours par minute.
Diamètre : $2^m,60$.
Pas : $1^m,15$.
Poids monté : 320 kilogr.
Poids enlevé par mq. : 13 kilogr.
Vitesse d'avancement : 72 kil. à l'heure.

L'Aéroplane Henri FARMAN

L'AVIATION doit beaucoup à M. H. Farman qui joint à une ténacité remarquable, une audace méthodique et une parfaite compréhension du plus lourd que l'air.

Après avoir été champion de la bicyclette et de l'automobile, M. H. Farman qui suivait avec grand intérêt les expériences de vol plané et les essais timides des premiers oiseaux mécaniques, auxquels Santos-Dumont avait montré la voie aérienne, s'entendit avec les frères Voisin pour la réalisation d'un appareil biplan.

Cet appareil construit, M. Farman en poursuivit les essais de décembre 1907 à janvier 1908, en corrigeant et en modifiant les éléments jusqu'à ce qu'il eut accompli des vols intéressants. Le 13 janvier 1908, il gagnait le prix Deutsch-Archdeacon et le prix Armengand (15 minutes) le 6 juillet de la même année.

Après s'être exhibé en Hollande et en Amérique, M. Farman, quittant Issy-les-Moulineaux, s'installait à Châlons, où il devait construire par la suite pour son compte les excellents appareils dont Roger Sommer et lui-même nous ont fait admirer les superbes envolées. Entre temps. M. Farman accomplissait le 30 octobre 1908 le premier voyage aérien de Bouy à Reims.

L'extraordinaire performance qui le fit recordman de la durée le 27 août 1909 fut accomplie avec l'appareil que nous décrivons ci-dessous.

L'aéroplane Henri Farman est du type biplan et comporte :

Les plans porteurs ;

L'empennage ou queue stabilisatrice ;

Le gouvernail d'altitude (équilibreur) ;

Le fuselage ;

Le dispositif de stabilité ;

Le train amortisseur ;

L'ensemble moto-propulseur ;

Les organes de commande ;

Le gouvernail de direction.

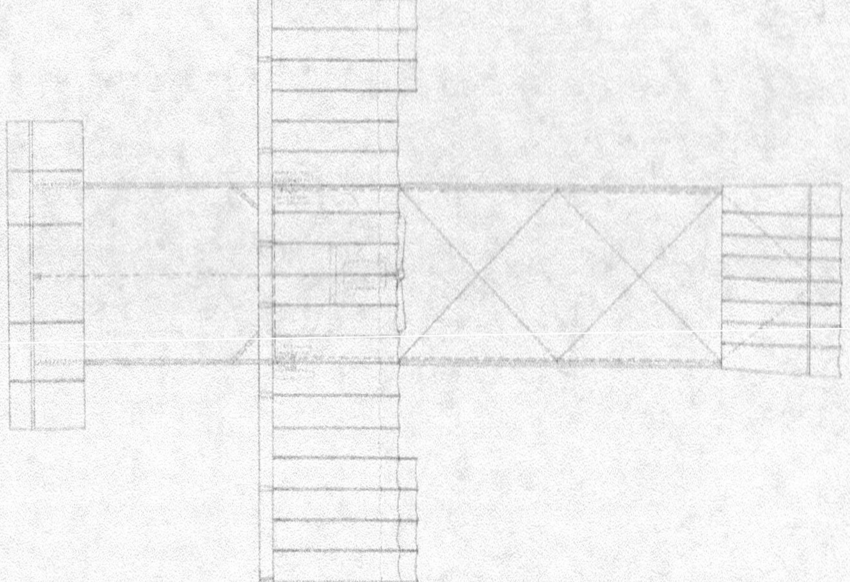

Plans porteurs. — Les plans porteurs sont constitués par des longerons et des nervures, les assemblages étant assurés par des entretoises de bois et des pièces d'aluminium.

L'envergure des plans porteurs est de 10 mètres, leur largeur antéro-postérieure de 2 mètres, l'espace dans le sens vertical de 2 mètres également ; la surface portante est de 40 mètres carrés.

L'entoilage est fait de tissu caoutchouté.

Il n'existe pas de cloisons verticales entre les plans porteurs de l'aéroplane Farman.

Il est à noter qu'un essai de transformation du biplan en triplan fut tenté par Farman qui ajouta dans ce but une troisième surface de 14 mètres carrés au-dessus des deux autres. Cet essai ne fut pas heureux car il devait dans l'idée de l'inventeur abaisser le centre de gravité et il n'aboutit qu'à une divergence exagérée des centres de résistance et de gravité, d'où tendance au cabré, de tout l'appareil.

Empennage ou queue stabilisatrice. — L'empennage ou queue stabilisatrice est de forme cellulaire utilisant comme cloison verticale les plans du gouvernail de direction.

Il est situé à 6 mètres des plans principaux et se compose de deux surfaces de 4 mètres carrés chacune entretoisées à $1^m,50$ d'intervalle vertical, et réunies aux plans principaux par un ensemble de montants et de longerons triangulés.

Gouvernail d'altitude. — Le gouvernail d'altitude est composé d'un plan de 4 mètres d'envergure et 1 mètre de longueur antéro-postérieure mobile autour d'un axe transversal horizontal fixé à $2^m,50$ en avant des surfaces portantes et commandé par un levier relié au poste du pilote.

Fuselage. — Le fuselage est composé d'une charpente extrêmement légère et solide, assujettie sur le train amortisseur. La longueur totale est de $10^m,50$, en comprenant les longerons de réunion de la cellule arrière aux plans principaux. La dénomination de fuselage ne s'applique d'ailleurs pas exactement à l'appareil Farman, car il s'agit plutôt ici d'une charpente légère.

Dispositif de stabilité. — Le dispositif de stabilité adopté par Farman consiste en ailerons disposés à l'extérieur et en arrière des plans principaux, et dont l'incidence est variable inversement et simultanément. Ces ailerons qui ont environ 3 mètres d'envergure et $0^m,50$ de longueur antéro-postérieure se présentent parallèlement aux surfaces portantes. Leur action est sensiblement la même que dans le monoplan Antoinette et se traduit par la création d'un couple de redressement lorsque le pilote les manœuvre opportunément dans un virage ou contre le vent.

Train amortisseur. — Le train amortisseur comporte un ensemble de patins et de roues, les patins étant destinés à faciliter l'atterrissage sur un terrain défavorable.

A l'avant et à 1 mètre sous les plans porteurs, deux paires de roues orientables de $0^m,40$, supportent chacune un patin sur lequel s'ajustent deux tiges de suspension élastique en V ; les patins se continuent sous les plans porteurs et ont une longueur de 5 mètres sous la cellule arrière, trois roues de diamètre plus petit assurent le roulement de l'ensemble avant l'essor.

Ensemble moto-propulseur. — L'appareil H. Farman a été équipé avec plusieurs systèmes de moteurs.

Ce fut d'abord un moteur Renault avec démultiplication, l'hélice de $2^m,40$ de diamètre et $3^m,05$ de pas, tournant à 900 tours.

Puis un moteur Vivinus en prise directe fut essayé avec une hélice intégrale Chauvière de $2^m,60$ de diamètre et $1^m,40$ de pas ; le moteur de 35/40 chevaux tournait à 1.200 tours. Ce moteur a servi à M. Roger Sommer pour accomplir son vol du 7 août 1909, battant pour la première fois le record de Wright du 31 décembre 1908.

Le moteur avec lequel H. Farman s'est adjugé le Grand Prix de Champagne, par plus de 180 kilomètres le 27 août 1909 est un Gnôme à 7 cylindres rotatifs dont nous donnons ci-dessous la description :

Le moteur Gnôme présente la particularité exceptionnelle d'avoir des pistons et un arbre fixes et des cylindres mobiles disposés en étoile, tournant tous ensemble et entraînant, par exemple, une hélice fixée directement sur le carter qui fait corps avec le bloc des cylindres. Cette disposition entraîne évidemment des complications de construction ; on fait, par contre, valoir en sa faveur la suppression de tout dispositif réfrigérant, les cylindres à ailettes se ventilant parfaitement dans leur mouvement de rotation (environ 1.000 tours par minute). D'autre part, l'ensemble des cylindres forme volant et, pourvu que les masses soient bien équilibrées une fois pour toutes, assure la régularité du fonctionnement, sans addition de poids mort inutile comme volant, ventilateur, etc.

Le moteur Gnôme des appareils Paulhan et Farman.

La force centrifuge, dans un moteur de ce genre, a naturellement des effets nuisibles qu'il faut prévenir : les cylindres doivent être maintenus sur le carter par de solides boulons, pour éviter la projection d'une culasse en cas de rupture; les soupapes et leurs tuyauteries doivent être agencées de façon à fonctionner régulièrement malgré la force centrifuge; il en est de même de l'allumage et surtout du graissage.

Dans le moteur Gnôme de 50 chevaux, à sept cylindres, de 110 × 120 millimètres, montés en étoile, l'arbre ne comporte qu'un seul coude sur le maneton duquel sont articulées les sept bielles en forme d'étoile, avec tête commune. Le coude du vilebrequin est fixe dans l'espace, les bielles et les pistons sont animés d'un mouvement de rotation

combinée; enfin, les cylindres sont animés d'un simple mouvement de rotation autour de l'axe du vilebrequin.

On comprend aisément que, quand l'explosion se produit dans un cylindre donné, le piston étant maintenu par sa bielle à distance fixe du maneton, l'expansion des gaz chasse le cylindre et, grâce à la position excentrique de l'axe du maneton par rapport à l'axe du vilebrequin, qui est aussi celui du système des cylindres, le cylindre où se produit l'explosion tend à s'éloigner du maneton, ce qui l'oblige à prendre un mouvement de rotation aussitôt entretenu par l'explosion qui a lieu dans un autre cylindre et qui produit le même effet sur celui-ci, et ainsi de suite. Le système des bielles et

pistons étant entièrement équilibré, le mouvement uniforme se poursuit régulièrement tant que les explosions se succèdent elles-mêmes régulièrement.

La distribution est obtenue au moyen de pignons actionnés par un autre pignon fixe, et qui entraînent, à vitesse moitié moindre que celle des cylindres, un groupe de sept excentriques dont les colliers et les tiges commandent les sept culbuteurs de soupapes d'échappement (ces soupapes sont appliquées sur leurs sièges, d'abord par la force centrifuge, puis par de petits ressorts, qui assurent l'étanchéité des chambres d'explosion au moment des démarrages).

Les soupapes d'aspiration sont automatiques et montées sur les pistons ; le vilebrequin, qui, comme nous l'avons vu, est fixe, sert de tuyauterie d'aspiration; il est creux et communique avec le carburateur d'une part, avec le carter d'autre part. C'est donc dans le carter que les cylindres puisent le mélange carburé, au moyen des soupapes d'admission qui font partie des pistons et sont animées du même mouvement qu'eux. Ces soupapes sont équilibrées et les efforts perturbateurs qu'elles subissent sont trop faibles pour nuire à leur étanchéité au moment des explosions.

Les cylindres sont en acier au nickel forgé et usiné, ce qui leur assure une grande régularité d'épaisseur et une grande légèreté; les pistons sont en fonte. Les têtes de bielles et le vilebrequin sont montés sur les roulements à billes.

Le lubrifiant, refoulé par une pompe à deux cylindres, est amené d'abord au milieu du maneton et graisse les roulements; puis il arrive au carter et, sous l'effet de la force centrifuge, en garnit les parois ainsi que celles des cylindres, tandis qu'une autre portion de ce lubrifiant, après avoir graissé les têtes des bielles, suit les cannelures de ces bielles et vient graisser les articulations des pistons, puis les soupapes d'admission. L'excès d'huile qui peut se trouver dans les culasses des cylindres est expulsé par la force centrifuge, à travers les soupapes d'échappement, en même temps que les gaz brûlés.

L'allumage est assuré par un distributeur, distributeur dont les sept contacts déterminent l'allumage dans chaque cylindre quand il vient à passer sur le plot.

L'hélice est une Intégrale Chauvière, en prise directe de 2m,60 de diamètre et 1m,15 de pas, tournant à 1.200 tours et imprimant à l'appareil une vitesse de 60 kilomètres à l'heure.

L'ensemble moto-propulseur repose sur le milieu de la surface portante inférieure derrière le poste du pilote, l'hélice tourne en arrière de cette surface dans une échancrure ménagée à cet effet.

Organes de commande. — Le pilote assis à l'avant du moteur commande le gouvernail d'altitude au moyen d'une bielle et le gouvernail de direction par un volant. Il a en outre un dispositif de commande des ailerons stabilisateurs et les manettes d'admission des gaz et de graissage du moteur à portée de sa main gauche.

Gouvernail de direction. — Le gouvernail vertical ou de direction se compose de deux plans verticaux orientables simultanément entre les deux plans horizontaux de la queue cellulaire.

Il est relié par levier et câble au volant que tient en main le pilote.

Résumé des caractéristiques

Surface portante : 40 mq.
Envergure : 10 mètres.
Longueur antéro-postérieure des surfaces : 2 m.;
Intervalle vertical : 2 mètres.
Longueur totale de l'appareil : 12 mètres.
Hauteur totale : 3 mètres.
Type du moteur actuel : Gnôme 7 cylindres rotatifs.
Puissance du moteur actuel : 50 chevaux.
Vitesse : 1.200 tours.
Diamètre de l'hélice : 2m,60.
Pas de l'hélice : 1m,15.
Vitesse d'avancement : 60 kilomètres à l'heure.
Poids total en ordre de marche : 550 kilogr.
Poids porté par mètre carré : 13,750.

Maurice Farman

L'Aéroplane Maurice FARMAN

En s'inspirant des résultats obtenus par son frère et des nombreuses expériences de biplans auxquelles il lui a été donné d'assister, M. Maurice Farman a conçu et fait exécuter dans les ateliers Mallet, un aéroplane où il a cherché à réunir les éléments qui ont fait le succès de ses devanciers tout en y ajoutant des idées personnelles fort ingénieuses.

La combinaison du gouvernail de profondeur, de la queue stabilisatrice et du gauchissement des plans porteurs a été fort heureusement réalisée par M. Maurice Farman dans l'appareil que nous allons décrire.

L'aéroplane Maurice Farman est du type biplan et comprend comme parties principales :

Les plans porteurs ou ailes ;

Le corps fuselé ;

Le train amortisseur ;

La queue stabilisatrice ;

Le gouvernail de profondeur ;

L'ensemble moto-propulseur ;

Les organes de commande et de gauchissement ;

Le gouvernail de direction.

Plans porteurs ou ailes. — Les plans porteurs ou ailes ont une envergure de 10 mètres et une largeur de 2 mètres, soit 40 mq. de surface sustentatrice ; ils sont établis selon le mode habituel par des longerons auxquels s'ajustent des nervures servant à fixer l'entoilage qui est double pour chacun des plans.

Le poids des surfaces ainsi obtenues ne dépasse pas 90 grammes par mètre carré.

Les angles externes postérieurs de l'aéroplane Maurice Farman sont assez flexibles pour qu'on puisse en opérer le gauchissement.

Fuselage ou corps fuselé. — Le corps fuselé, de section quadrangulaire terminé en proue à l'avance et en section droite à l'arrière a 0m.80 de côté, 3 mètres de largeur, et se déplace pendant le roulement sur le sol, à une hauteur de 1m.25. C'est dans le fuselage que sont installés le moteur, les organes de commande et le poste du pilote.

Train amortisseur. — Le train amortisseur, comprenant le châssis porteur nécessaire au lancement et à l'atterrissage, se compose d'un cadre avec suspension élastique portant, à l'avant, sur deux roues de 0m,70 distantes de 1m,70 entre moyeux. Le point de contact de ces roues avec le sol est à peu près à l'aplomb de l'avant du moteur.

A l'arrière et à 5m,50 des roues avant, sont fixées après les tiges de réunion de la queue stabilisatrice aux plans principaux deux autres roues de 40 centimètres de diamètre, distantes de 2m,85 entre moyeux et qui maintiennent l'ensemble du fuselage horizontal sur le sol.

Le dispositif amortisseur comporte des pistons et des ressorts à boudin, placés de façon telle que l'élasticité s'exerce, autant verticalement que vers l'arrière. Il résulte de cette particularité la possibilité de compenser les inégalités du terrain au moment de l'atterrissage.

Queue stabilisatrice ou cellule arrière. — La cellule arrière reliée aux plans principaux par un cadre entretoisé et haubanné, est située à 6 mètres des plans principaux. Elle comporte deux plans de 3 mètres d'envergure et 2 mètres de largeur, légèrement incurvés comme les plans principaux.

Les plans verticaux qui la complètent n'ont pas été toujours employés par l'inventeur.

Gouvernail de profondeur. — Cet organe, qui a beaucoup d'analogie avec l'équilibreur des aéroplanes Voisin, est constitué par un plan de 4m,90 d'envergure et 0m,90 de largeur.

Il est sectionné pour permettre sa commande de déplacement autour d'un axe horizontal, commande que le pilote assure avec le volant de direction.

Le gouvernail de profondeur est situé à 2 mètres des plans principaux.

Ensemble moto-propulseur. — L'appareil Maurice Farman a reçu successivement deux types de moteurs.

1° Le moteur Rep 40 HP à deux groupes de 5 cylindres;

2° Le moteur Renault 8 cylindres en V, 50 HP de régime 12 à 1.400 tours, du type établi spécialement pour l'aviation par les établissements Renault.

Ce moteur comporte huit cylindres à ailettes disposées en « V » et inclinés à 90 degrés. L'alésage est de 90 m/m, la course des pistons de 120. Les soupapes sont toutes commandées par un seul arbre à cames. Les soupapes d'échappement, disposées au-dessus des soupapes d'admission, sont attaquées par l'intermédiaire d'un culbuteur.

L'allumage s'opère par magnéto à haute tension, c'est-à-dire qu'il est absolument sûr.

Le carburateur automatique est étudié d'une façon tout à fait remarquable. Il ne comporte, en effet, ni membrane, ni ressort. En outre, la forme particulière de la chambre de mélange des gaz évite tous les remous qui pourraient nuire à une carburation régulière.

Le graissage est commandé par une pompe à palettes, qui assure la lubrification parfaite de tous les organes. Une disposition spéciale du carter supérieur empêche la pénétration de tout excès d'huile dans les cylindres et évite ainsi l'encrassement des bougies et des chambres d'explosion.

Le réservoir d'huile, disposé à la partie inférieure du carter, est de dimensions suffisantes pour permettre une marche ininterrompue de trois heures. Il pourrait d'ailleurs être réalimenté pendant la marche si la durée de fonctionnement devait être plus considérable.

Le refroidissement est réalisé par un ventilateur centrifuge à grand débit qui refoule l'air dans la chambre formée par les cylindres et l'enveloppe qui les recouvre. Cet air ne peut s'échapper qu'en léchant les ailettes des cylindres. Le débit du ventilateur et les sections de passage d'air ont été calculés avec une très grande précision. La température des parois des cylindres est abaissée d'une façon suffisante pour assurer une parfaite conservation de tous les organes, et un graissage bien régulier, mais reste un peu plus élevée que celle que donnerait une circulation d'eau. Le rendement thermique se trouve de ce fait très sensiblement augmenté.

L'arbre à cames est utilisé comme démultiplicateur et peut supporter directement l'hélice. De cette façon, la démultiplication nécessaire au bon rendement de l'hélice est obtenue sans employer de pignons spéciaux.

Nous ne pouvons entrer ici dans tous les détails de la construction, nous serions entraînés à des développements que le cadre d'un article ne nous permet pas, mais nous devons nous compléter néanmoins en signalant les résultats véritablement surprenants obtenus aux essais.

Au cours d'épreuves privées ou officielles, le moteur a pu fonctionner pendant plusieurs heures de suite, sans qu'à l'arrêt obtenu volontairement il ait été constaté la moindre avarie ou le moindre déréglage.

La puissance développée, absolument indépendante de la durée du fonctionnement, était toujours la même au commencement et à la fin de chaque épreuve.

Le concours de moteurs à grande puissance massique organisé par l'ACF a d'ailleurs été l'occasion d'une confirmation éclatante des qualités de ces moteurs.

Les résultats que nous donnons ci-dessous sont assez éloquents pour se passer de tout commentaire.

Le moteur présenté a subi l'épreuve dont la durée avait été fixée à trois heures, sans qu'il ait été possible de constater à aucun moment la moindre anomalie de fonctionnement.

La puissance développée s'est maintenue sans oscillation du commencement à la fin de l'épreuve au chiffre 60,5 HP mesuré sur l'arbre démultiplicateur, dont le régime était de 900 tours-minute. Le poids du moteur en ordre de marche était de 179 kilos.

Ces résultats sont d'autant plus significatifs qu'ils ont été obtenus au banc, c'est-à-dire dans des conditions de refroidissement infiniment moins favorables qu'en plein air.

Le moteur reposait sur des ressorts : il était donc, au point de vue de la suspension, exactement dans les mêmes conditions que sur un aéroplane.

Un démultiplicateur, monté sur l'arbre à came, permet de réduire de moitié la vitesse, ce qui donne 6 à 700 tours environ à l'hélice.

M. Farman a fait établir deux hélices pour son appareil ; l'une est à pales métalliques montées sur tige, la seconde construite dans les ateliers Chauvière et suivant le procédé habituel du distingué constructeur est du type « intégral » et a comme dimensions $2^m,50$ de pas et $2^m,50$ de diamètre.

Le plan de rotation de l'hélice empiétant sur les surfaces porteuses, on a échancré celles-ci afin de lui laisser le passage libre.

Le poids de l'ensemble moto-propulseur est d'environ 250 kilogr. en ordre de marche, dont 180 kilogr. pour le moteur seul, sa puissance massique étant 3 kilogr. par cheval effectif.

Organes de commande. — Le volant de direction commande :

Le gouvernail de profondeur par déplacement latéral de son support ;

Le gouvernail latéral, par rotation.

La transmission de mouvement s'effectue par des câbles d'acier glissant sur galets de friction et reliés à des bras de levier fixés aux deux gouvernails.

Un levier spécial placé en avant et à la gauche du pilote, lui permet en l'abaissant ou en le relevant de varier l'incidence des bords angulaires des plans porteurs symétriquement et inversement, c'est-à-dire que, à l'abaissement de la partie arrière droite, par exemple, correspond le relèvement de la partie arrière gauche.

La commande des auxiliaires propulso-moteurs est également à la portée du pilote.

Gouvernail de direction. — Le gouvernail de direction est placé dans la cellule arrière et constitué par une surface verticale de $1^m,50 \times 1$ m. Il est muni d'un bras relié par câbles d'acier au volant de direction que le pilote a en main.

A la vitesse de 6 à 700 tours de l'hélice et en tenant compte du recul, l'aéroplane Farman doit marcher à 68 ou 70 kilom. : son poids total en ordre de marche est de 450 kilogr.

Les essais de cet appareil, commencés en janvier 1909, ont permis de constater une remarquable facilité d'allègement, la vitesse étant seulement de 40 kilomètres lorsque l'appareil était prêt à quitter le sol.

Depuis, malgré quelques petits accidents d'essais, M. Maurice Farman a réussi, avec le moteur Renault, quelques vols forts intéressants.

L'adaptation d'un train amortisseur mixte comportant un dispositif de patins d'atterrissage a été réalisée.

Enfin la propulsion par deux hélices fait également partie du programme d'expériences de M. Maurice Farman.

Il est à remarquer que le biplan décrit ci-dessus ne comporte pas de cloisons verticales, qu'il est parfaitement possible de lui adjoindre, si cela est jugé opportun.

Résumé des caractéristiques.

Surface portante : 40 mq.
Longueur totale : $10^m,70$.
Envergure : 10 mètres.
Puissance du moteur : 50 HP.
Vitesse de l'hélice : 6 à 700 tours.
Diamètre et pas : $2^m,50$.
Poids total : 450 kilogr.
Vitesse d'avancement : 6 kilom.

FERBER

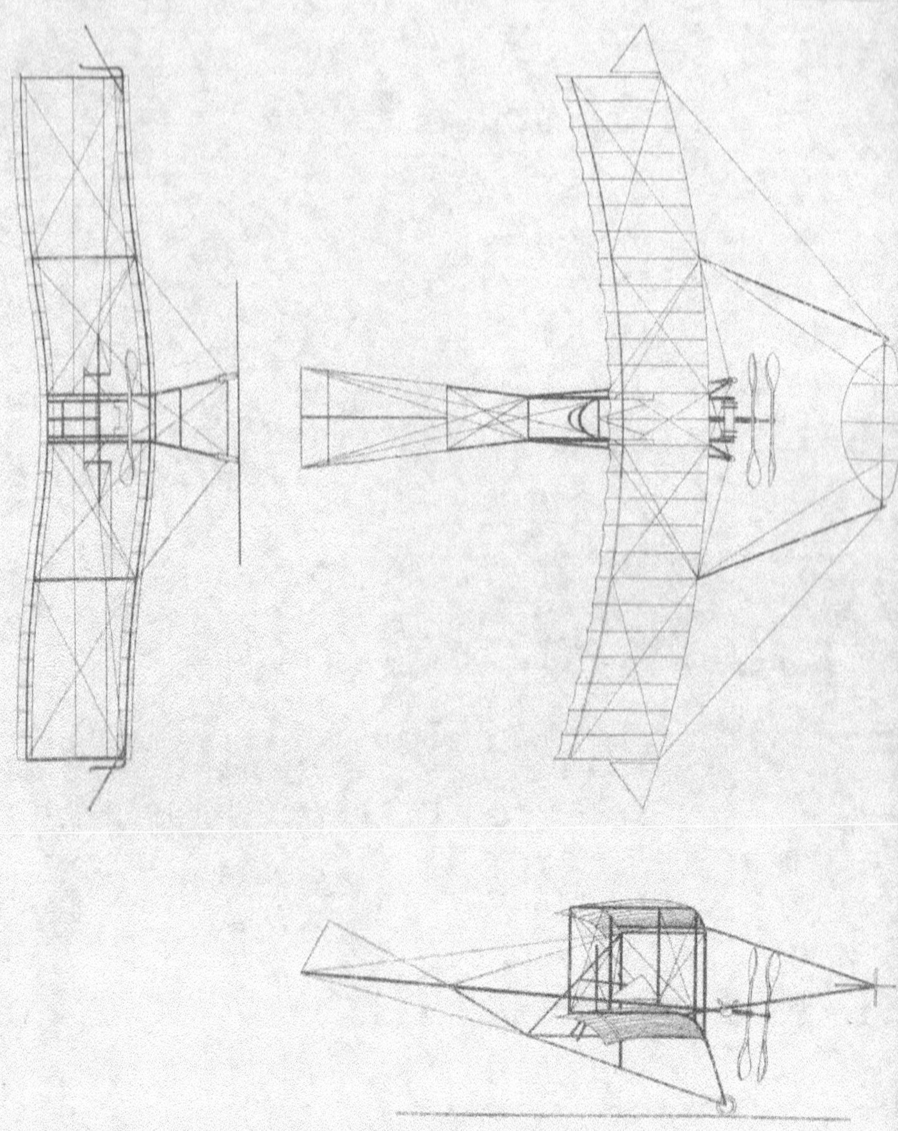

L'Aéroplane FERBER

Le capitaine Ferber est incontestablement le continuateur en France de l'œuvre remarquable entreprise et tragiquement interrompue par la mort de l'Allemand Lilienthal.

Le capitaine Ferber devait lui-même trouver la mort dans un accident stupide le 22 septembre 1909, alors que, pilotant un biplan Voisin à Boulogne-sur-Mer, il tentait un atterrissage sans arrêt du moteur, pour s'enlever un peu plus loin. L'avant du train de roulement, butant dans un fossé, fit

culbuter l'appareil et le malheureux aviateur fut écrasé sous le moteur. La mort du capitaine Fer-ber fut une des plus pures gloires de l'aviation française, à laquelle son nom restera toujours attaché.

Le capitaine Ferber n'a pas construit moins de dix planeurs de modèles différents, depuis la forme cerf-volant, par laquelle il débuta en 1899 au château de Rue en Suisse (De Rue fut, d'ailleurs, le pseudonyme du capitaine Ferber), jusqu'au biplan complètement équipé, de 33 mq. de surface, dont les essais eurent lieu avec succès à Brest et au Conquet en 1903. Ces dates dispensent de tout commentaire et prouvent assez combien le capitaine Ferber eut l'intuition expérimentale du mouvement actuel.

Lors des essais tentés à Nice en 1903, le capitaine Ferber avait fait édifier un aérodrome composé d'un pylône qui servait de pivot à deux longs bras métalliques à l'extrémité d'un desquels on suspendait le planeur, pendant qu'un contrepoids mobile suspendu à l'autre bras permettait de délester l'appareil et d'observer opportunément les phénomènes du planement.

Un moteur de 6 chevaux fut ensuite placé sur le planeur, ainsi que deux hélices propulsives de même pas, tournant en sens inverse, mais la traction insuffisante ne permit pas d'obtenir la sustentation de l'appareil par ses propres moyens.

C'est le 27 mai 1905, qu'avec ce même moteur de

six chevaux, le capitaine Ferber fit pour la première fois en Europe un parcours stable sur un aéroplane.

Le moteur, de puissance évidemment insuffisante, ne réussit qu'à relever la trajectoire naturelle du planeur, mais c'était un premier résultat.

Le capitaine Ferber résolut alors d'adapter à son appareil un moteur d'une force normale. Il prit livraison d'un moteur Antoinette de 24 chevaux et équipa son appareil avec ce moteur et deux hélices de 2^m,50 de diamètre, tournant à 600 tours en sens inverse l'une de l'autre.

Malheureusement cet appareil devait être détruit, faute de hangar, en novembre 1906, sans avoir donné les preuves de sa valeur aéronautique.

Le capitaine Ferber se remit au travail dans les ateliers Antoinette, étudia minutieusement tous les détails d'un nouvel appareil et sortit en juillet 1908; le *Ferber* N° 9, de principe semblable au N° 8, mais équipé avec tous les progrès réalisés en trois ans.

Nous décrivons ci-dessous cet aéroplane en notant toutefois que, si l'aéroplane Ferber N° 8 n'avait pas été détruit en 1906, le mérite de la conquête de l'air eût pu appartenir à l'armée représentée par le savant et si regretté officier.

Nous donnerons la description du Ferber n° 8 dans la construction duquel l'éminent aviateur a synthétisé et ses idées personnelles et l'acquit de ses expériences

L'aéroplane Ferber est du type biplan et comporte :

Les plans porteurs ;
L'empennage ou queue stabilisatrice ;
Le gouvernail de profondeur ;
L'ensemble moto-propulseur ;
Les ailerons ;
Le train amortisseur et le corps fuselé ;
Les organes de commande ;
Le gouvernail de direction.

Plans porteurs. — Les plans porteurs sont composés de longerons et de nervures selon le mode habituel de construction ; ils présentent une légère concavité inférieure et sont disposés en V très ouvert en haut, les extrémités s'infléchissant jusqu'à se retrouver dans un même plan horizontal. C'est en quelque sorte une copie des ailes étendues d'un planeur. De plus, les bords antérieurs et postérieurs de ces plans sont incurvés à environ 1/10 de flèche dans le but de faciliter la pénétration.

Un système de montants et de haubans assure l'assemblage des surfaces portantes, et après d'assez longues recherches le capitaine Ferber a établi toute une série d'accessoires d'assemblage fort ingénieux. L'emploi combiné de l'aluminium, du bambou et du câble d'acier dans l'aéroplane a donné à tous les points de vue les meilleurs résultats.

De même que tous les constructeurs éclairés, le capitaine Ferber a absolument banni de son appareil les assemblages par clous, vis, boulons, etc., qui sont autant de sources d'accidents pouvant devenir graves.

Les plans porteurs ont une surface d'environ 50 mètres au total, par 12^m,50 d'envergure et 1^m,50 de largeur antéro-postérieure. Ils sont distants l'un de l'autre de 1^m,50 dans le sens de la verticale, entretoisés par des montants en bambous de même dimension et au nombre de 10.

L'entoilage est simple et de même disposition que sur les biplans déjà décrits.

Empennage. — Cet empennage consiste en une longue queue à surface trapézoïdale dont les bases ont 1^m,75 à l'arrière et 1 mètre à l'avant, la largeur étant de 2^m,50 de l'avant à l'arrière, le centre de pression étant à environ 5 mètres de celui des plans principaux. Au moment du vol cet empennage se place sur la tangente à la trajectoire et fixe par conséquent l'angle d'attaque.

Gouvernail de profondeur. — Le gouvernail de profondeur offre également un bord d'attaque incurvé mais la partie de sa surface placée postérieurement à son axe est en forme de demi-ellipse ; le grand axe a 3 mètres et le petit axe 1 mètre, ce qui donne une surface de 2 mètres. L'action du gouvernail de profondeur s'exerce dans cet appareil à 3^m,60 environ du centre de pression.

Ensemble moto-propulseur. — Le moteur qui a servi au capitaine Ferber pour obtenir avec son aéroplane des résultats fort concluants est un moteur Levavasseur de 24 chevaux, le premier qui ait été appliqué à la navigation aérienne.

Ce moteur, qui a subi depuis quelques modifications, est remarquable tant par sa grande puissance massique que par sa régularité.

Il actionne à la vitesse de 600 tours deux hélices de 2^m,50 de diamètre de pas identique et tournant en sens inverse, afin de parer aux effets giratoires.

L'ensemble moto-propulseur ainsi constitué ne

dépasse pas en ordre de marche le poids de 100 kilogr.

Ailerons. — Pour assurer la stabilité transversale de son appareil le capitaine Ferber a muni les extrémités de ses plans porteurs d'ailerons qui se déplacent suivant un axe parallèle au sens de la marche et qui assurent, ainsi que le gauchissement, un équilibre complet de l'appareil dans les virages et les courants qui tendent à faire donner de la bande à l'aéroplane.

Train amortisseur et corps fuselé. — Le train amortisseur de l'aéroplane Ferber se confond avec le bâti de l'appareil. Il est composé d'un châssis élastique très léger sur lequel viennent se fixer toutes les tiges de support des plans auxiliaires et qui porte le moteur, le poste du pilote et les hélices à la partie avant.

À la partie inférieure, un ensemble triangulé forme patins, et deux roues à l'aplomb de l'avant des surfaces portantes, permettent le roulement sur le sol pour le délestage avant l'enlevage.

Organes de commande. — Les organes de commande sont très simples et comportent un levier commandant le gouvernail d'altitude, un levier commandant la direction et un autre levier commandant le dispositif de stabilité latérale.

Gouvernail de direction. — Le capitaine Ferber assure la direction de son aéroplane au moyen de plans verticaux commandés du poste du pilote. Il a, de plus, adjoint à la queue stabilisatrice une surface verticale qui assure la fixité de la direction une fois donnée.

Résumé des caractéristiques.

Surfaces portantes : 50 mq.
Envergure : 12^m,50.
Longueur : 11 mètres.
Puissance motrice : 24 HP.
Diamètre des hélices : 2^m,50.
Pas : 2 mètres.
Vitesse : 600 tours.
Vitesse d'avancement : 12 mètres par seconde.
Poids total en ordre de marche sans l'aviateur : 225 kilogr.

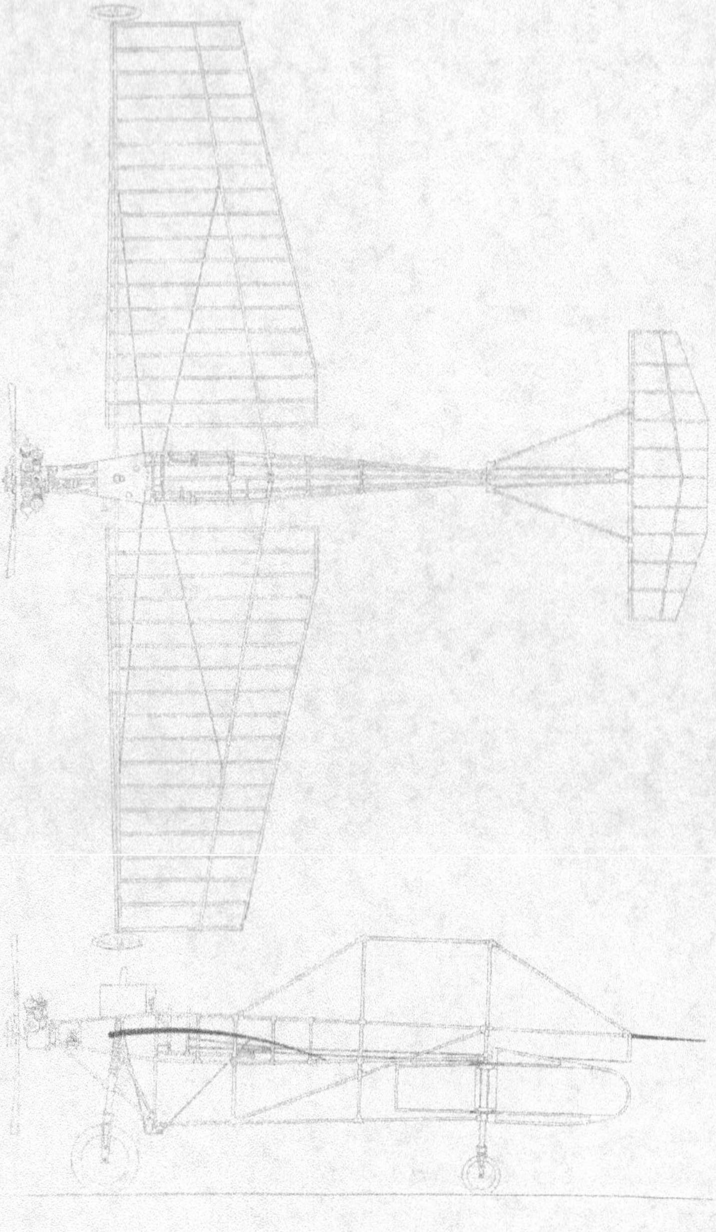

R-E-P

L'Aéroplane R=E=P

Les travaux aéronautiques de M. Robert Esnault-Pelterie sont trop répandus dans le monde entier pour qu'il soit besoin de les rappeler à nos lecteurs.

Après des essais de vol plané avec un biplan du genre Wright, M. Robert Esnault-Pelterie songea à étudier les réactions de l'air aux différentes vitesses, au moyen de surfaces de formes diverses montées sur une automobile qu'il avait pour la circonstance transformée en un petit laboratoire aérodynamique.

Ces expériences effectuées en 1906 à des vitesses allant jusqu'à 100 kilom. à l'heure ayant donné d'intéressants diagrammes, M. Robert Esnault-Pelterie en appliqua les résultats à la construction du monoplan que nous décrivons ci-après, et qui a été réalisé et perfectionné au cours des années 1907 et 1908.

Le point essentiel envisagé par M. Robert Esnault-Pelterie en dehors des principes généraux d'appropriation des surfaces et de leur forme à la meilleure utilisation du fluide, a été l'établissement d'un dispositif d'équilibre automatique, ou tout au moins résultant des réactions locales des organes porteurs, favorisées ou corrigées par le pilote suivant les cas.

Au cours de ses expériences avec son premier appareil M. Robert Esnault-Pelterie a été amené à améliorer la qualité sustentatrice de ses surfaces ainsi que leur position afin de rapprocher le plus possible le plan dans lequel est situé le centre de pression du plan dans lequel s'exerce l'effort de propulsion.

De plus, en donnant aux ailes la souplesse suffisante et en créant, par une disposition opportune des haubans un mouvement solidaire et de sens inverse de leur surface. M. Esnault-Pelterie les prépare à prendre contre le vent une position compensatrice de résistance telle que l'équilibre subisse la moindre influence. C'est au pilote à exécuter les manœuvres correctives ou amplificatives, suivant les cas.

L'aéroplane Robert Esnault-Pelterie est du type monoplan et comprend :

Les plans porteurs ou ailes ;
Le corps fuselé ;
Les empennages de la queue stabilisatrice (gouvernail de profondeur) ;
Le train amortisseur ;
L'ensemble moto-propulseur ;
Le poste de commande ;
Le gouvernail de direction.

Plans porteurs ou ailes. — Les ailes ont une envergure de $10^m,40$ et une surface portante de 20 mètres carrés, ce qui pour un poids de l'appareil en ordre de marche de 455 kilog. élève à près de 25 kilogr. par mètre carré le poids soulevé à la vitesse de 60 kilom. à l'heure et en absorbant une puissance de régime de 21 HP environ.

Les ailes ont une concavité inférieure légèrement relevée à l'avant.

Pour l'établissement des ailes on a employé des poutrelles en bois et en aluminium sur lesquelles sont attachées des nervures en bois travaillant uniformément et qui, placées parallèlement au sens de marche, supportent l'entoilage. L'ensemble des cadres ainsi constitués est d'une grande souplesse.

Chacune des ailes est reliée à la partie inférieure du châssis au moyen de deux haubans sur lesquels se répartit également la moitié du poids de l'appareil ; ces haubans agissent en outre sur l'inclinaison des ailes, étant soumis à l'action du pilote.

Corps fuselé. — Le corps fuselé est entièrement métallique et constitué par un ensemble de tubes d'acier raccordés par soudure autogène, entretoisés et triangulés de façon telle que sa rigidité est parfaite, sans aucune crainte de déformation.

La longueur totale du corps fuselé est de $6^m,50$, et sa section la plus forte $0^{mq},702$.

Sur le corps fuselé se trouvent l'hélice, le moteur, les réserves, le pilote et les tiges de fixation de la queue stabilisatrice.

Empennages et queue stabilisatrice. — Gouvernail de profondeur. — En dessus et en dessous du fuselage sont disposés des supports sur lesquels sont tendus verticalement des entoilages.

Le but des surfaces ou empennages ainsi constitués est d'assurer à l'aéroplane une direction constante avec le concours du gouvernail vertical, lorsque celui-ci est dans sa position neutre. Ces empennages participent aussi au maintien de l'équilibre latéral.

À l'extrémité postérieure et à 4 mètres environ des surfaces portantes se trouve la queue stabilisatrice formée d'un plan de 3 mq. environ de même constitution que les ailes et dont l'incidence est variable au gré du pilote par l'intermédiaire des leviers de commande. La queue stabilisatrice remplit ainsi le rôle de gouvernail de profondeur.

Train amortisseur et de démarrage. — Le train amortisseur est composé de deux roues portantes, reliées au fuselage par supports tubulaires élastiques.

La roue portante principale, placée vers l'avant entre le moteur et le bord antérieur des ailes, supporte presque tout le poids de l'aéroplane ; à l'arrière, une roue beaucoup plus petite, mais placée dans un même plan axial assure le contact postérieur.

De plus, chaque aile est munie à son extrémité d'une roue légère sur laquelle l'appareil roule incliné, tant qu'il n'a pas trouvé son équilibre latéral sur le sol, avant l'enlevage, ou bien lorsqu'il revient à terre et après le freinage.

La principale roue porteuse est munie d'un dispositif de frein-oléo-pneumatique, agissant automatiquement dès que cette roue touche terre ; en effet la suspension oléo-pneumatique comporte un liquide qui se trouve projeté violemment au moment du choc, mais qui, obligé de passer par un orifice étranglé, amortit le mouvement de l'ensemble et freine assez énergiquement pour que l'arrêt soit complet sur les 25 centimètres que comporte la course de cet organe.

Ce frein peut absorber 350 kilom. bien que pesant seulement 6 kilogr. Son action se trouve être sensiblement proportionnelle au carré de la vitesse de chute.

Organes moto-propulseurs. — Hélice. — L'hélice est du type Rep à pales métalliques à section rectiligne et rapportées sur bras avec moyen spécial.

Elle comporte 4 branches. Son diamètre est de 2 mètres et elle tourne à la même vitesse que le moteur, sur le vilebrequin duquel elle est directement calée.

Moteur — Le moteur est un moteur de 35 HP du

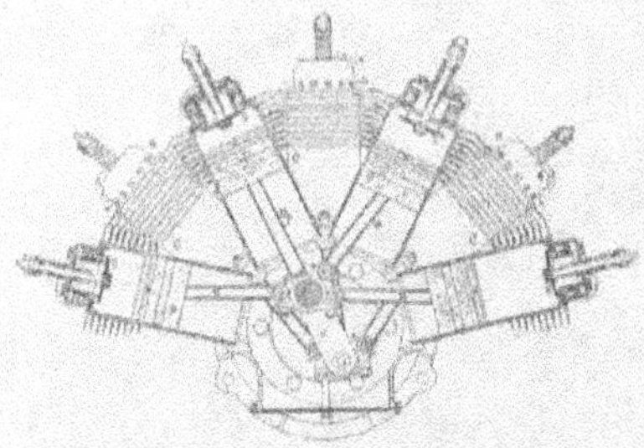

type Rep à 7 cylindres. Il est fixé au fuselage par un solide assemblage boulonné à l'avant.

La description de ce moteur extrêmement curieux mérite un article spécial.

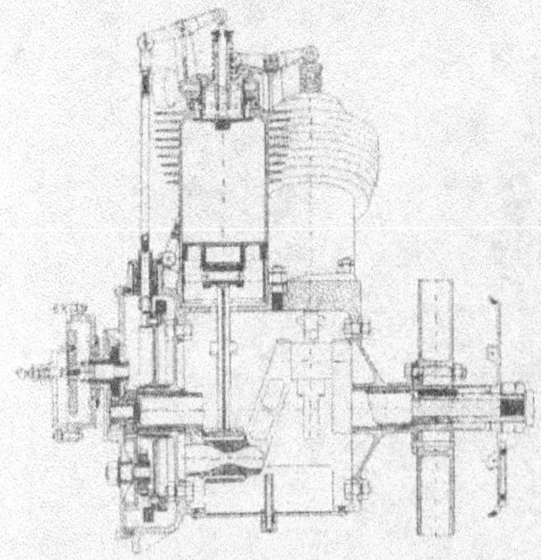

Dans les moteurs ordinaires, chaque maneton du vilebrequin ne reçoit l'effort de l'explosion, et par conséquent ne travaille en vue de l'effort pour lequel il a été construit, que un demi-tour sur deux ; il en

résulte une mauvaise utilisation de la matière ; c'est pourquoi M. Esnault-Pelterie fait commander un même maneton par plusieurs cylindres disposés en étoile autour de l'axe horizontal du vilebrequin, et explosant successivement à intervalles réguliers. Comme on ne peut placer des cylindres la tête en bas, à cause du graissage, on les a séparés en deux groupes, un de 3 et un de 4, disposés en éventail au-dessus du plan horizontal de l'axe du vilebrequin. Ce dernier ne possède ainsi que 2 manetons, et ne pèse que 2k,500 pour 35 chevaux.

Le refroidissement du moteur a lieu par circulation de l'air autour des ailettes des cylindres, ce qui est largement suffisant sur les machines volantes se déplaçant à grande vitesse. On supprime ainsi 1 poids considérable résultant de l'emploi de l'eau, pompe, radiateur, tuyauterie, sans compter les ennuis que donnent quelquefois ces appareils.

Le moteur R. E. P. renferme d'autres particularités intéressantes sur lesquelles nous ne pouvons nous étendre ici ; nous signalerons simplement que les cylindres ne sont munis que d'une seule soupape située au fond, fonctionnant à la façon d'un tiroir, et réalisant, au moyen de deux levées différentes, l'aspiration et l'échappement ; ces levées, pour tous les cylindres, sont produites par 2 cames.

Les matériaux employés sont les mêmes que dans un moteur automobile ordinaire ; leur résistance est à l'abri de toute épreuve. On réalise ainsi un moteur de 7 cylindres de 85 d'alésage, 95 de course, qui à 1.500 tours donne 35 chevaux. En ordre complet de marche, même avec son hélice, il ne pèse pas

60 kilos, ce qui abaisse le poids à moins de 2 kilos par cheval.

La vitesse de rotation du moteur est de 1.400 tours par minute.

Les réserves : 6 litres d'huile et 40 litres d'essence permettent une marche de 2 heures.

Poste de commande et Organes de conduite. — Le pilote est assis dans le châssis, vers le milieu des ailes.

Sa position est parfaitement dégagée et lui permet de voir le sol devant lui s'il roule à terre.

La conduite de l'aéroplane se décompose en deux parties :

1° Assurer la stabilité de l'appareil;

2° Assurer sa direction.

Le pilote a sous la main deux leviers verticaux :

Le levier à main gauche commande les organes stabilisateurs; il est monté à la cardan et peut être actionné à la fois latéralement et longitudinalement; latéralement, il gauchit les ailes; longitudinalement, il braque le gouvernail de profondeur; lorsque l'appareil rompt son équilibre dans un sens quelconque, il suffit, pour le rétablir, de manœuvrer le levier dans le sens directement opposé.

Ce levier, manœuvré longitudinalement, contribue d'autre part à la montée et à la descente.

Le levier à main droite, placé devant le pilote, commande le gouvernail vertical; il se déplace transversalement à l'appareil. Le virage à droite est obtenu en le manœuvrant à droite et inversement.

Ce dispositif a l'avantage de correspondre aux réflexes de l'aviateur, qui a l'impression de sentir l'appareil obéir au mouvement de sa main.

Une pédale, au pied droit, commande la vitesse du moteur par l'admission.

Gouvernail de direction. — Le gouvernail vertical, est équilibré et placé sous l'extrémité arrière du fuselage il est commandé, en même temps que ce déplacement des ailes, du poste du pilote.

Résumé des caractéristiques.

Envergure : 10m40.

Surface portante : 20 mq.

Poids complet : 455 kilogr.

Puissance absorbée : 22 HP.

Vitesse de l'hélice : 1.400 tours par minute.

Vitesse d'avancement : 18 mètres par seconde.

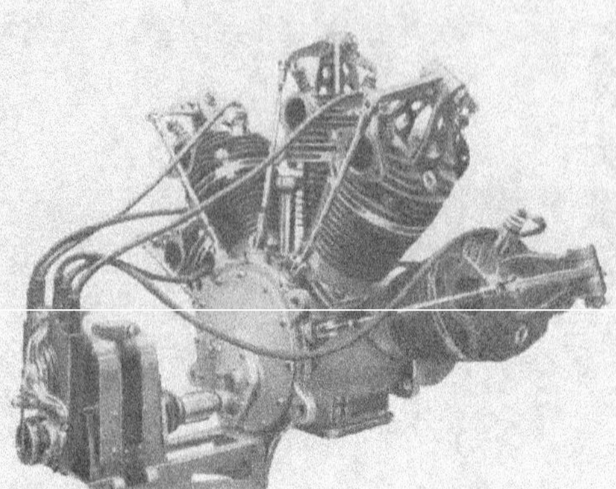

Moteur R-E-P 7 cylindres et magnéto.

L'Aéroplane SANTOS=DUMONT

Il n'est pas exagéré de dire que M. Santos-Dumont est le principal auteur du mouvement actuel. C'est à lui qu'est due la consécration du dirigeable et c'est lui encore, qui en France, accomplissant le premier à Bagatelle un vol de quelques mètres avec un appareil plus lourd que l'air, démontra la possibilité d'utiliser ce principe dont les applications ultérieures devaient bouleverser le monde entier (novembre 1906).

Les premiers appareils de M. Santos-Dumont ont été trop de fois décrits pour que nous en rappelions ici les caractéristiques ; nous devons toutefois consacrer une notice spéciale à l'aéroplane Santos-Dumont n° 20, plus connu sous le nom de la « Demoiselle » et avec lequel le célèbre aviateur accomplit au printemps 1909, plusieurs vols fort intéressants,

dont un en rase campagne, de 2 kilomètres, le 5 avril 1909.

Le 13 septembre 1909, M. Santos-Dumont, qui semblait s'être systématiquement tenu à l'écart des manifestations aéronautiques, effectuait sur son petit monoplan un vol extraordinaire de 8 kilomètres en 5 minutes, soit plus de 90 kilomètres à l'heure.

Parti de Saint-Cyr, il traversait la vallée au-dessus des champs et des arbres et atterrissait à Buc, alors que les plus expérimentés pilotes avaient mis au défi l'intrépide aviateur d'exécuter un vol à grande distance sur son minuscule appareil.

Ce jour, par un vent de 7 mètres à la seconde, M. Santos-Dumont réussit à enlever la « Demoiselle » au bout de 70 mètres de lancée et, s'élevant progressivement à 30 et 60 mètres de hauteur, il passa au-

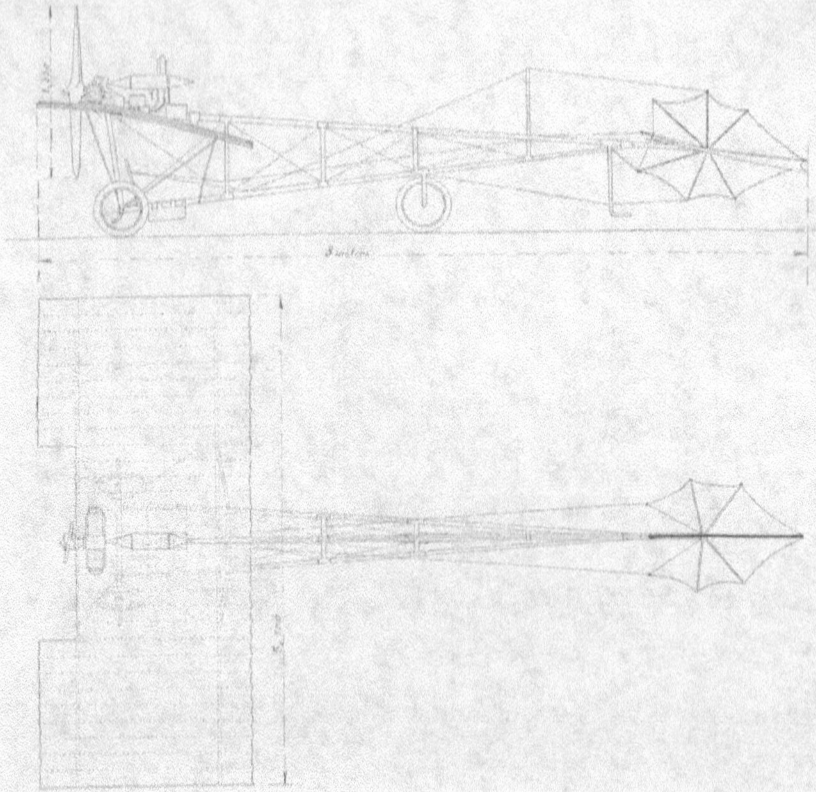

dessus du clocher de Rocquencourt à 90 kilomètres à l'heure, accomplit sans encombre plusieurs virages et atterrit facilement.

Signalons que, dans un geste de belle générosité, M. Santos-Dumont abandonna tous ses droits sur les brevets dont la « Demoiselle » fait l'objet, et que son appareil, le plus léger, le moins coûteux à établir (5.000 francs), peut l'être par tous les constructeurs.

La « Demoiselle » de Santos-Dumont est un minuscule monoplan dont la simplicité et la légèreté sont remarquables.

Il est en outre caractérisé par un abaissement particulier du centre de gravité rendu possible et nécessaire par la grande légèreté de l'ensemble.

En suspendant à 1 mètre au dessous du centre de sustentation le centre de gravité de son appareil, M. Santos-Dumont créa un couple de stabilité relativement considérable et, d'autre part, le V des ailes diminue dans la plus grande mesure possible les chances de chavirement de l'appareil.

M. Vuia a construit à la même époque que M. Santos-Dumont un aéroplane dont le principe se rapprochait de celui de la « Demoiselle ». La forme et la disposition des ailes étaient cependant différentes.

Le monoplan Santos-Dumont n° 20 se compose des éléments suivants :

Les ailes ou surfaces portantes.
L'empennage ou queue stabilisatrice.
Le châssis porteur et le fuselage.
Les stabilisateurs.
Le train amortisseur.
L'ensemble moto-propulseur.
Les gouvernails.

Ailes ou surfaces portantes. — L'envergure des ailes est de $5^m,10$ et leur longueur antéro-postérieure de 2 mètres soit une surface portante totale de $10^{mq},20$ environ. Elles sont constituées par des membrures en longeron et nervures tendues de soie vernie, et forment entre elles un V très ouvert à sa partie supérieure.

Empennage ou queue stabilisatrice. — Cet empennage est composé de deux plans quadrilatères à assemblage cruciforme et monté sur cardan, ce qui lui permet de se mouvoir en tous sens, réalisant alternativement ou simultanément l'office de l'équilibreur et du gouvernail vertical.

La surface de chacun des plans ainsi assemblés est d'environ 1 mètre carré.

Châssis porteur et fuselage. — Le fuselage de la « Demoiselle » est ramené, une simple combinaison de bambous assemblés par des tubes et fils métalliques reposant sur un châssis quadrangulaire muni de trois roues de $0^m,40$, une à l'avant, deux à l'arrière.

Quant à la liaison entre les plans principaux et l'empennage, elle consiste en une simple perche de bambou longue de 5 mètres et qui sert en même temps de maîtresse poutre axiale aux deux ailes et de support à l'empennage.

Organes stabilisateurs. — Nous avons dit que M. Santos-Dumont avait surtout cherché à abaisser le plus possible le centre de gravité de son appareil. Il a en outre disposé sous les ailes deux surfaces hexagonales écartées de $2^m,50$, verticales et parallèles au plan de translation. Ces deux surfaces faisant office de plan de dérive ne sont pas indispensables à l'équilibre de la « Demoiselle », et M. Santos-Dumont les a supprimées dans plusieurs de ses expériences. Il en est de même d'une troisième surface, horizontale celle-là, qui placée à l'avant du fuselage, remplissait le rôle d'équilibreur. La mobilité en tous sens de l'empennage permet d'ailleurs d'assurer les différentes manœuvres de gouvernail.

Train amortisseur. — Il est d'une simplicité remarquable, composé de trois roues dont deux à l'avant à carrossage compensateur, une à l'arrière et un patin de sécurité à l'aplomb de l'arête médiane des plans.

Ensemble moto-propulseur. — M. Santos-Dumont a effectué les premiers vols de la « Demoiselle » avec un moteur Dutheil et Chalmers de 17/20 chevaux 2 cylindres.

Les moteurs de cette marque comprennent 2, 4 ou 6 cylindres, placés horizontalement de chaque côté du carter. Chaque cylindre se trouve opposé à un autre suivant le même axe et accouplé sur un vilebrequin à deux coudes placés à 180°. Les vibrations causées par le déplacement rapide du piston dans le cylindre sont ainsi annulées par les vibrations venant en sens inverse du côté opposé.

Cette disposition permet d'obtenir ainsi un couple moteur régulier, même avec l'emploi de deux cylindres. Le moteur ne donne pas de vibrations et peut être monté sans inconvénient sur des dispositifs extrêmement légers.

La chambre d'explosion demi-sphérique supprime tout espace nuisible et permet le plus haut rendement.

La régularité de la lubrification, toujours délicate à réaliser, est ici assurée de façon parfaite par une pompe à huile, alimentant continuellement et abondamment chaque portée. L'excès d'huile, après son passage à travers un tamis, est recueilli dans un réservoir et peut par conséquent servir à nouveau. La consommation du lubrifiant est ainsi réduite au minimum.

Le refroidissement se fait par circulation d'eau

autour des cylindres et culasses au moyen d'une pompe commandée par le moteur. Le radiateur à nid d'abeille, fait par l'électrolyse sans aucune soudure, est d'une contenance suffisante pour permettre sans inconvénient une marche de plusieurs heures de suite, ce qui n'arrive que rarement avec des moteurs de construction différente. Ce radiateur est placé de préférence entre le moteur et le volant, et ce dernier est disposé avec des ailes pour jouer le rôle de ventilateur.

Un double allumage par magnéto à haute tension et accumulateurs, absolument distincts l'un de l'autre, permet une mise en marche facile et assure la plus parfaite sécurité de fonctionnement en marche normale.

De puissances variant de 20 à 100 HP, ces moteurs se construisent en deux types différents : le premier pour appareils à une seule hélice propulsive, le second à deux arbres de commande conjugués tournant en sens inverse l'un de l'autre, pour appareils à deux hélices propulsives.

Ce moteur actionnait une hélice métallique (Tatin) à deux branches de 1m,35 de diamètre et 1m,05 de pas. Depuis, M. Santos-Dumont a employé les hélices Chauvière de même dimension. Lors de son remarquable vol du 13 septembre, M. Santos-Dumont avait un moteur-Darracq type aviation, à 2 cylindres horizontaux et opposés de 130/120, 30 chevaux et 110 kilos de traction à l'hélice, à la vitesse de 1.000 tours.

Le moteur Darracq ne comporte pas de volant et, placé plus bas que l'hélice qu'il commande par transmission, il concourt à l'abaissement du centre de gravité.

Le moteur Darracq est à deux cylindres horizontaux opposés de 130 millimètres d'alésage et 120 de course.

Les deux bielles sont calées sur deux manetons à 180°, ce qui permet en même temps une répartition rationnelle des temps moteurs et des masses à équilibrer.

Les pistons se rapprochent ou s'écartent simultanément du fond des cylindres et les phases concordent de la façon suivante :

Cylindre I : Aspiration, compression, travail, échappement.

Cylindre II : Travail, échappement, aspiration, compression.

En ce qui concerne l'équilibre, les efforts se compensent en tant qu'intensité et direction et l'inertie résultant du mouvement des pistons est annulée, la seule obliquité du mouvement des bielles pouvant occasionner un effet parasite négligeable.

Les soupapes, placées au fond des cylindres, sont commandées par culbuteurs.

Les gaz brûlés sont évacués directement à l'air par la tubulure d'échappement.

Les cylindres sont munis de chemises de cuivre rapporté dans lesquelles l'eau de refroidissement circule, sous l'action d'une pompe à engrenages, pour se refroidir dans un radiateur spécial.

Ce radiateur comprend 200 tubes de cuivre de 3 millimètres, est disposé sous les ailes et sa surface totale est de 3 mq. 1/2 environ.

Par sa disposition sous les ailes, qui l'expose directement à l'effet d'un vent de 20 m. à la seconde, ce radiateur est d'une efficacité exceptionnelle.

L'allumage a lieu par magnéto haute tension à

extra-courant direct sans bobine auxiliaire, d'où une grande facilité de démarrage.

Le réservoir d'essence est derrière l'aviateur et la pression d'air est maintenue par une petite pompe à air.

Le réservoir d'huile est contigu au réservoir d'essence, ainsi que le réservoir d'eau.

Le poids du moteur est de 55 kilos.

Gouvernails. — Nous avons dit qu'à l'avant est disposé un petit gouvernail d'altitude, mais M. Santos-Dumont utilise surtout l'empennage cruciforme grâce auquel il peut, par des manœuvres appropriées, assurer l'incidence nécessaire et en même temps le maintien de la trajectoire.

Le poste du pilote est réduit à sa plus simple expression. Il consiste en une sangle sur laquelle l'aviateur prend place derrière son moteur et les pieds appuyés sur les bambous de son châssis, il a entre les mains trois leviers de commande des différents auxiliaires et un dispositif de gauchissement tributaire de la position de son corps.

Détails de construction — Depuis les vols remarquables du célèbre aviateur plusieurs maisons ont entrepris la construction des « Demoiselles ». Nous donnons ci-dessous les principaux éléments des appareils de ce genre, construits par MM. Dutheil et Chalmers. Envergure et longueur 6 mètres, surface portante 12 mètres carrés. Queue à empennage cruciforme orientable en tous sens.

Train d'atterrissage à roues pneumatiques, moteur à 2 cylindres horizontaux opposés de 25 chevaux 125 130, 1.200 tours; soupapes commandées, refroidissement par eau avec pompe-radiateur tubulaire. Carburateur automatique à dosage d'air commandé par levier spécial; allumage par magnéto H. T.; graissage sous pression par pompe.

Hélice à rendement maximum type Avia.

Le poids des appareils ainsi construits ne dépasse pas 120 kilogrammes en ordre de marche.

Ajoutons que, dans l'appareil essayé à Saint-Cyr par M. Santos-Dumont lui-même, les radiateurs se trouvaient appliqués sous les ailes et le réservoir d'essence conique disposé derrière le pilote, une pompe envoyant sous pression l'essence dans un deuxième réservoir de même forme, mais plus petit, qui se trouvait en charge au-dessus du moteur.

Ce petit aéroplane répondait en somme aux désirs du plus grand nombre, car il a les multiples avantages du moindre encombrement, du prix modique, de la conduite et du garage faciles.

Il prouve dès maintenant que l'appareil usuel est possible et achemine les sportsmen vers le tourisme aérien.

Résumé des caractéristiques

Surface portante : 10 mq.
Envergure : 5m,10.
Longueur antéro-postérieure : 8 mètres.
Moteur : Dutheil-Chalmers 25/30 HP.
Moteur : Darracq 30 HP.
Vitesse de l'hélice : 1.800 tours.
Diamètre de l'hélice : 1m,75.
Pas de l'hélice : 1m,05.
Vitesse d'avancement : 90 kilomètres à l'heure.
Poids total en ordre de marche : 118 kilogr.
Poids du moteur : 50 kilogr.

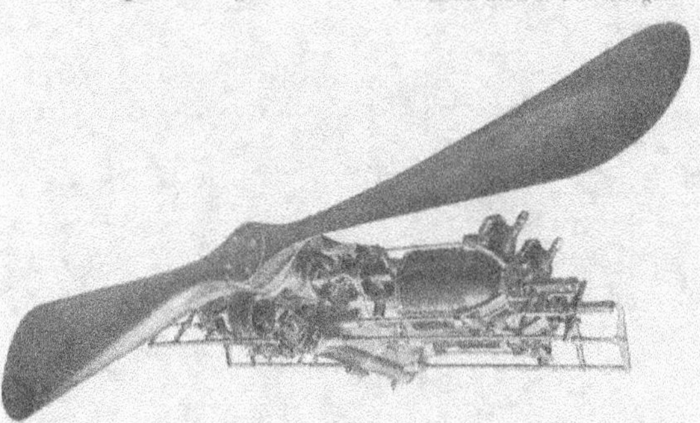

VOISIN

L'Aéroplane VOISIN

Au cours de notre visite aux ateliers des frères Voisin, il nous a été donné d'apprécier l'esprit de suite et la méthode rationnelle qui inspire les éminents constructeurs.

L'organisation du travail en série est chez eux le résultat d'études patientes et positives ; rien n'est laissé au hasard et aucune modification n'est apportée à une fabrication déterminée, sans que de nombreuses expériences en aient prouvé, de façon irréfutable, l'urgente réalisation.

C'est pourquoi, bien que les célèbres pilotes d'aéroplanes Voisin aient attaché leur nom aux engins qui leur ont permis d'accomplir des performances historiques, les appareils Voisin sont restés conformes au type une fois établi.

Nous donnerons donc une description aussi complète que possible de l'appareil type, tel qu'a bien voulu nous le présenter M. Gabriel Voisin.

L'aéroplane est du type biplan et comporte :

Le corps fuselé ou plus simplement le fuselage ;
Le système cellulaire porteur ;
Le train terrestre ;
L'armature de réunion ;
La cellule arrière ;
Les organes moto-propulseurs ;
Les organes de commande et l'équilibreur.

Le corps fuselé est un esquif à claire-voie entretoisé et rendu rigide par un ensemble de tendeurs appropriés. L'aspect général est celui d'une navette dont on aurait coupé l'une des pointes. Sa longueur est de 4^m,50, sa section a 0^m,60 de côté.

Ce fuselage supporte le moteur et les auxiliaires, les appareils de commande et comporte un emplacement où prend place le pilote. Des brides métalliques assurent la fixation du fuselage aux plans porteurs.

A l'avant du fuselage est monté l'équilibreur dont nous causerons plus loin.

Plans porteurs ou cellules. — Les plans porteurs sont formés par deux surfaces légèrement incurvées, de façon à ce que la concavité se présente en dessous; d'une envergure de 10 mètres et d'une largeur de 2 mètres; entre chacune des surfaces l'air peut circuler dans un espace de 1m,50 de hauteur. Dans cet espace se trouvent 12 montants en bambou, servant à entretoiser les deux surfaces et qui viennent se fixer sur des longerons courant sur toute l'envergure de façon à former un cadre rigide.

Aux extrémités des surfaces portantes sont tendues deux surfaces verticales ayant pour dimension la largeur des plans et la hauteur qui les sépare. Cette disposition est répétée symétriquement et à environ 2 mètres des extrémités, et il en résulte un système cellulaire auquel l'appareil doit son nom. Nous devons faire remarquer que MM. Voisin ont également livré plusieurs appareils dans lesquels les plans verticaux étaient supprimés.

La surface portante des biplans Voisin est d'environ 40 mètres carrés. L'entoilage est établi au moyen de nervures en bois incurvées, sur lesquels se fixe le tissu formant surface.

Train terrestre. — Il est composé d'un châssis métallique en tubes d'acier triangulé et dont le roulement sur le sol est obtenu par des roues de cycle montées sur suspension élastique à ressort.

Les roues avant sont orientables et assez élastiquement suspendues pour que l'atterrissage de l'aéroplane, même par choc brusque, ait lieu sans danger pour le pilote et pour l'appareil.

Les roues arrières sont destinées à maintenir l'ensemble au-dessus du sol.

L'empattement du train amortisseur est de 5 mètres et la voie des roues avant de 1m,25.

Armature de réunion. — Cette armature est destinée à réunir la cellule arrière aux plans principaux. Elle est formée de tiges de 4m,55 de long, venant se fixer, d'une part aux longerons des plans principaux, et d'autre part, au support de la cellule arrière.

Cette armature, dont la largeur est de 2m,50, comporte des piliers entretoisés et des haubans qui assurent sa rigidité. Le long des tiges extérieures courent les cables de commande du gouvernail vertical.

Cellule arrière. — La cellule arrière qui joue le rôle d'empennage ou de queue stabilisatrice, est formée de quatre surfaces quadrangulées sur lesquelles est établi un entoilage.

L'envergure de cette cellule a 2m,70 à l'extrémité arrière, sa largeur antéro-postérieure est de 2 mètres. Elle est située à 4 mètres des plans principaux. L'air circule entre les 4 faces et la cellule arrière, tout en formant contre-poids à l'avant, assure, en même temps que la stabilité longitudinale, une direction constante du mouvement de l'aéroplane; elle contient le gouvernail de direction.

Organes moto-propulseurs. — Du nombre déjà élevé d'aviateurs ayant piloté des aéroplanes Voisin, il résulte que des moteurs très divers ont été montés sur ces appareils.

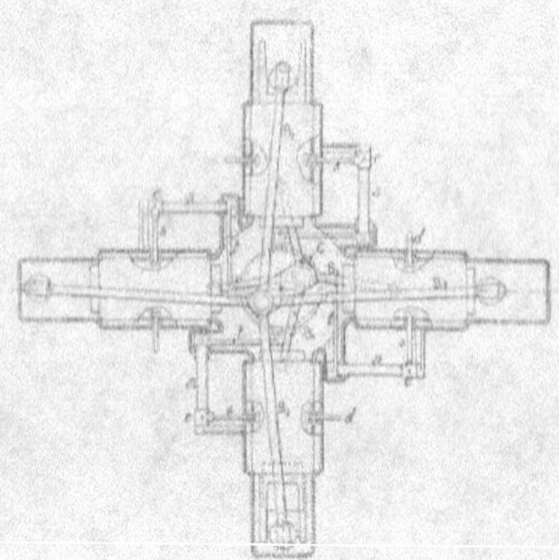

Ceux qui à l'heure actuelle ont donné les meilleurs résultats sont les moteurs Antoinette, Gnôme et Gobron. Ces deux premiers moteurs ont été décrits avec les appareils Antoinette et Henri Farman, quant au Gobron en voici les données générales.

Le moteur d'aviation Gobron a une circulation d'eau puissante, un carburateur et une circulation d'huile. Il pèse 150 kilos et fait 80 HP.

La consommation est de 350 centimètres cubes par cheval-heure.

Le moteur est composé de 8 cylindres disposés en X sur deux plans verticaux, chacun des cylindres contenant deux pistons opposés.

Le carter central contient le vilebrequin qui est ainsi ramené aux dimensions d'un arbre de 2 cylindres types Gobron, c'est-à-dire deux fois coudé.

C'est en somme 4 groupes de 2 cylindres, possédant un carter et un arbre unique sur lequel chaque maneton sert ainsi à 4 bielles disposées en étoile.

La lubrification, très difficile dans un moteur à piston simple, ayant cette disposition, ne présente alors aucune difficulté.

La distribution, toute spéciale, ne comporte ni engrenages, ni arbres à cames ; le dispositif, excessivement simple, est le suivant :

Sous les soupapes d'échappement de chaque groupe, est placé un double culbuteur, qui, à chaque tour de l'arbre, fait ouvrir une des deux soupapes à tour de rôle. Pour obtenir ce mouvement, chacun des culbuteurs est solidaire d'une navette qui est encastrée dans un disque à 2 rainures, calé au milieu du vilebrequin. Ces rainures correspondent par un aiguillage, et les navettes sont naturellement guidées de l'une à l'autre en passant ainsi par chacune d'elle tous les 2 tours de l'arbre.

De la position de la navette dans les rainures dépend celle du culbuteur correspondant qui fait ainsi, à temps voulu, ouvrir et fermer la soupape de droite ou celle de gauche, suivant que la navette est dans la rainure de gauche ou dans celle de droite.

Ce dispositif, quoique composé de pièces très solides, est naturellement excessivement léger.

Les soupapes d'admission sont automatiques. Leur légèreté rend leur fonctionnement absolument irréprochable.

Le carburateur du moteur d'aviation Gobron est automatique, du système Gobron ordinaire, mais allégé. La consommation est réduite à son strict minimum.

L'allumage se fait au moyen de deux magnétos placées sur le plateau avant du carter du moteur. Elles sont commandées par un seul engrenage hélicoïdal attaquant à 90° un autre engrenage également hélicoïdal, calé en bout de l'arbre vilebrequin. Les deux magnétos tournant l'une à droite, l'autre à gauche, sont symétriquement placées par rapport à l'engrenage de commande auquel elles sont reliées au moyen d'un joint de Holdam.

Le refroidissement par circulation d'eau se fait au moyen d'une turbine de grand diamètre, calée directement au bout de l'arbre.

Le radiateur se fait suivant la forme appropriée à l'appareil auquel le moteur est destiné.

La quantité d'eau nécessaire au refroidissement est d'une quinzaine de litres.

Le graissage du moteur est assuré par une petite pompe à engrenages qui prend l'huile dans les carters des cylindres inférieurs pour la renvoyer dans les cylindres supérieurs.

La lubrification est ainsi obtenue d'une manière continue.

Chaque organe est régulièrement aspergé d'huile par un jet qui pénètre dans toutes les articulations. Deux à trois litres d'huile suffisent pour un fonctionnement de plusieurs heures.

La commande de la pompe à huile se compose d'un engrenage hélicoïdal commandé par une vis sans fin. Toute cette commande ainsi que celle de la magnéto, est enfermée dans le plateau A V du moteur où elle baigne dans l'huile.

L'hélice est à deux branches en aluminium, montées sur bras et moyeux spéciaux. Son diamètre est de $2^m,30$ et son pas $1^m,40$.

MM. Voisin n'ont pas employé l'hélice en bois, mais parmi leur clientèle, elle a été substituée à l'hélice métallique.

La vitesse d'avancement de l'aéroplane est d'environ 15 mètres à la seconde, et par vent favorable le soulèvement s'obtient ainsi facilement.

Organes de commande. Équilibreur. — Un seul volant assure la commande des deux gouvernails.

Le premier, appelé équilibreur, consiste en un plan rectangulaire interrompu par un support, et pivotant, par l'intermédiaire d'une tige de commande à rotule et d'un levier, autour de l'extrémité du support, de façon à en varier l'incidence. Il remplit l'office de gouvernail de profondeur.

Ce plan d'une surface utile de 4 mètres carrés (2 m. + 2 m.) × 1 mètre, est situé à $1^m,80$ du bord antérieur des plans principaux, son incidence moyenne de vol est de 2°.

Le gouvernail latéral, ou de direction, est formé d'un plan vertical contenu dans la cellule arrière et pivotant autour d'un axe vertical sous l'action du volant de direction. La surface de ce gouvernail est d'environ $1^m,20$ par $1^m,50$ de hauteur et $0^m,80$ de largeur ; il est situé à 6 mètres des plans porteurs.

Le pilote peut, à son gré, en déplaçant le volant en avant ou en arrière de sa position neutre, augmenter ou diminuer l'incidence des surfaces de l'équilibreur.

D'autre part, en faisant tourner le volant sur son support, et cela, quelle que soit sa position, le pilote commande l'orientation du gouvernail de direction placé à l'arrière au moyen des câbles de transmission.

Ces deux manœuvres peuvent par conséquent se combiner opportunément ; la commande du moteur est également sous la main du pilote.

Résumé des caractéristiques des biplans Voisin.

Envergure : 11m,50.
Longueur : 12 mètres.
Surface portante : 50 mq.
Poids en ordre de marche : 550 kilogr.
Puissance absorbée : 30 chevaux ; le moteur étant établi pour 50 chevaux.
Vitesse en vol : 55 Km.
Vitesse de l'hélice : 1.150 tours.
Diamètre de l'hélice : 2 mètres.
Pas de l'hélice : 1m,40.

L'Aéroplane WRIGHT

De tous les appareils connus, le Wright est certainement celui dont on a parlé le plus et dont le plus grand nombre de descriptions ont été données.

On connaît suffisamment la genèse de l'invention des Wright, leurs expériences de vols planés, leur conversion au biplan et enfin l'adaptation du moteur à leur planeur qui comportait déjà le gouvernail de profondeur et le dispositif de gauchissement des plans porteurs, dont les Wright se sont assuré par des brevets fort complets l'exclusivité de l'application.

L'aéroplane Wright appartient au type biplan; il est composé des éléments suivants :

Les surfaces principales ou plans porteurs;

Le gouvernail d'altitude improprement appelé gouvernail de profondeur;

Le train de lancement et d'atterrissage;

L'ensemble propulso-moteur;

Le dispositif de manœuvre;

Le gouvernail de direction;

Le dispositif de lancement.

Surfaces principales — Les surfaces principales sont constituées par deux longerons en bois plat, léger, entretoisés à $1^m,35$ et réunis à leurs extrémités par une partie arrondie aux angles. A ces longerons sont fixées 34 nervures cintrées à $1/20$ de flèche, qui constitueront la carcasse sur laquelle seront tendues les toiles. Ainsi les plans offriront une concavité interne. De plus ces nervures, dont la position est assez rigide entre les longerons, dépassent postérieurement ceux-ci d'une certaine longueur, sur laquelle elles conservent toute leur élasticité. Leur largeur totale est donc de 2 mètres dont $1^m,35$ seulement formant cadre avec les longerons. A 1 mètre

des extrémités des plans, les nervures vont en diminuant de longueur, par un arrondi se raccordant aux longerons.

Les toiles sont doubles et clouées à l'avant en dessus et en dessous ; à l'arrière elles sont cousues pour permettre toutes les déformations de la partie laissée élastique.

Les deux surfaces principales sont réunies par 18 montants en bois qui laissent entre elles un espace de 1m,10 de hauteur. Les montants du centre seuls sont assemblés rigidement aux longerons ; les autres portent un anneau qui vient s'accrocher à une boule fixée au longeron, un goupillage assure la solidité de l'assemblage.

Des points de fixation des montants, qui forment sept compartiments, partent également des haubans en fil d'acier dont le but est moins d'assurer la rigidité de l'ensemble, que de compenser les effets de dislocation tout en maintenant le maximum de flexibilité dans toutes les parties. La surface totale des plans porteurs est d'environ 48 mètres carrés (12m,50 × 1m,90) × 2.

Gouvernail d'altitude. — Le gouvernail d'altitude situé à 3 mètres en avant des plans principaux auxquels il est relié par le châssis porteur et deux bras d'assemblage, se compose de deux surfaces courbes de 5 mètres de largeur et 0m,80 de longueur antéro-postérieure ; ces deux surfaces sont reliées solidairement au dispositif de manœuvre qui permet de les abaisser ou de les relever toujours de la même quantité et en oscillant autour d'un axe transversal.

Deux petits plans verticaux, en forme de demi-lune, pivotent entre les deux plans du gouvernail d'altitude et s'orientent d'eux-mêmes dans le vent pour concourir au maintien de la direction latérale.

Train de lancement. — Dans l'aéroplane Wright, le train de lancement, d'atterrissage et le châssis ne font qu'un. Il n'y a pas de fuselage. Le train se compose d'une charpente légère constituée essentiellement par deux patins triangulés sur lesquels glissera l'appareil ; de ces patins, qui se prolongent jusqu'à l'aplomb du gouvernail de profondeur, partent des arbalétriers qui viennent se fixer à la partie supérieure des surfaces portantes ; des entretoises de 1m,80 assurent à l'ensemble une homogénéité parfaite. Un petit chariot à galets qu'on place au centre permet à l'appareil de filer très rapidement sur son rail de lancement sous l'action de l'hélice et du câble du pylone. La longueur totale du

train de lancement est de 5 mètres. Il est remarquablement étudié, si l'on considère l'effort et le

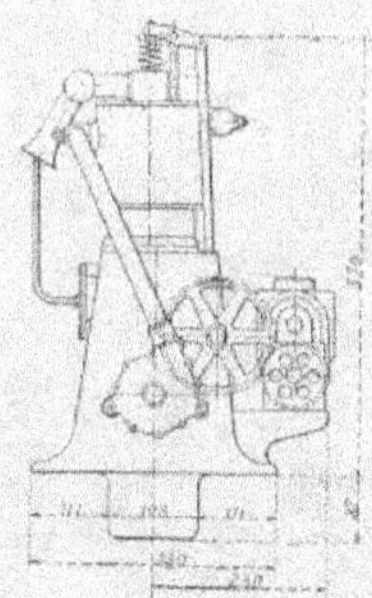

poids qu'il a à supporter en comparaison de l'extrême légèreté des éléments qui le composent.

Ensemble moto-propulseur. — Le moteur, spécialement étudié et construit par les soins des frères Wright, est un 4 cylindres 100 × 170 de 25 chevaux en régime.

Les aéroplanes du type Wright, construits par la Société de navigation aérienne, sont pourvus d'un moteur à 4 cylindres verticaux, d'après un type construit par la maison Bariquand et Marre, mais

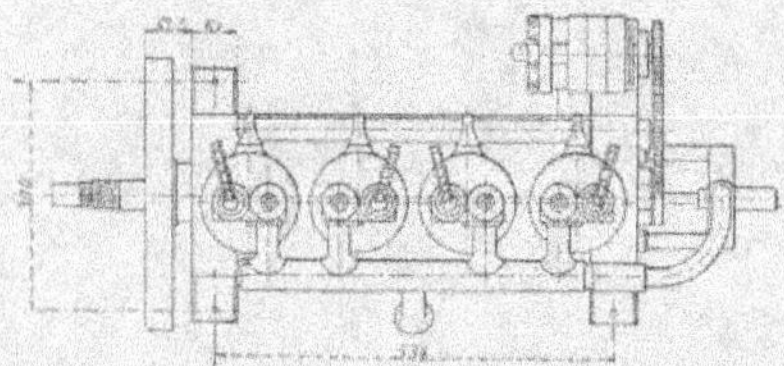

perfectionné au cours des expériences.

Ce moteur qui a 112 d'alésage et 100 de course et dont la force est de 30 chevaux, pèse 98 kilos environ.

Le refroidissement s'opère par circulation d'eau.

Les hélices sont actionnées par une double transmission à chaînes droite et croisée.

Les détails de construction de ce moteur sont tenus secrets.

Il est assujetti sur le plan porteur inférieur, ainsi qu'un radiateur vertical, assurant le refroidissement par circulation d'eau. Ce moteur

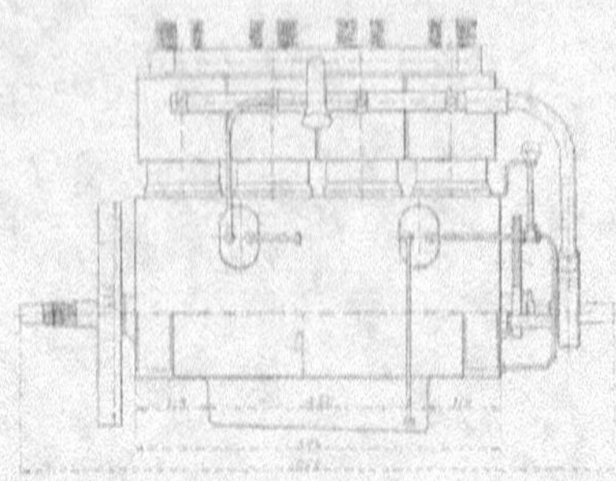

Wright est caractérisé par une carburation irréprochable, ce qui a permis à l'appareil de tenir l'air plus de deux heures; l'allumage se fait par magnéto.

A l'extrémité arrière de l'arbre du moteur est un pignon denté double sur lequel engrènent deux chaînes Galle guidées par des tubes et dont l'une est croisée afin d'inverser sa translation; ces deux chaînes entraînent d'autre part deux roues dentées tournant dans des paliers fixés sur des montants verticaux et dont l'arbre se prolonge jusqu'à la partie postérieure des surfaces principales où tournent les deux hélices en sens inverse.

Les hélices sont en bois, à pales rectilignes et arrondies aux extrémités; leur diamètre est de 2 mètres et leur pas de 2 mètres environ; elles tournent à une vitesse moyenne de 630 tours, grâce au dispositif démultiplicateur que constituent les pignons et les chaînes.

Dispositif de manœuvre. — Les leviers de commande du moteur sont à la droite du pilote dont le

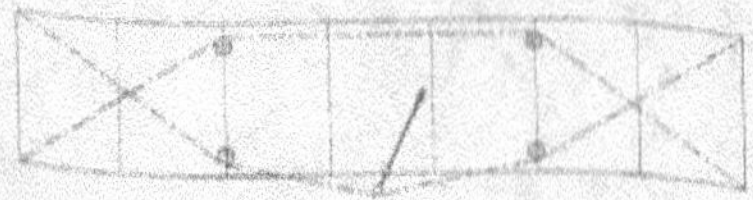

siège, très rudimentaire, est constitué par une petite banquette légèrement plus haute que le plan inférieur, les pieds s'appuyant sur une barre rattachée au châssis et au plan inférieur.

Les deux leviers de manœuvre sont absolument sous la main du pilote : à sa gauche le levier qui commande à la fois le gouvernail de direction (l'ayant en arrière) et le gauchissement de gauche à droite.

Le levier de gauche augmente ou diminue l'incidence des plans qui constituent le gouvernail d'altitude, par un ensemble de câbles et de leviers. Le levier de droite agit, d'une part, sur le gouvernail de direction et, d'autre part, sur un arbre-tambour où s'enroule un câble relié par des poulies de renvoi aux quatre angles postérieurs des plans porteurs. Les renvois de mouvement sont combinés pour que l'on agisse simultanément et en sens inverse sur les bords postérieur droit et postérieur gauche et vice-versa, c'est-à-dire abaissement d'un côté et relèvement de l'autre pour une même rotation de l'arbre tambour, et cela grâce aux montants non rigides d'une part et à la partie de l'entoilage laissée souple à l'arrière des plans.

Le pilote peut donc combiner, en imprimant à son levier de droite un mouvement suivant une courbe dont les axes seraient les deux directions transversale et longitudinale, le déplacement du gouvernail de direction et le gauchissement opportun des plans principaux pour compenser le défaut d'équilibre, conséquence du virage. Cette manœuvre, très délicate en apparence, arrive à être instinctive avec l'habitude.

On voit que, si la manœuvre du gauchissement paraît un peu complexe, le poste du pilote de l'aéroplane Wright est parmi les plus simples.

Gouvernail de direction. — Le gouvernail de direction composé de deux plans verticaux parallèles de 1m,80 de hauteur sur 0m,60 de largeur a son point d'action à 3 mètres des plans principaux auxquels il est relié par une légère charpente de bambou.

Les deux plans, écartés de 0m,50, peuvent pivoter d'une égale quantité, autour d'un axe, par l'intermédiaire d'un bras et des câbles de transmission reliés au levier de droite du pilote.

Dispositif de lancement. — L'aéroplane Wright n'est pas pourvu du train amortisseur à roues que possèdent les appareils français; il en résulte la nécessité d'employer toute une série d'accessoires de lancement.

Le rail, sur lequel l'appareil est amené au moyen de petits chariots spéciaux, est un bois profilé de 20 mètres de long.

Le chariot à galets se glisse sous le centre de l'appareil qu'il aidera à se déplacer rapidement lors de l'essor, restant à terre au moment du vol.

Le crochet d'entraînement dans lequel vient se prendre la boule qui termine le câble de lancement et qui est articulé pour que l'accrochage cesse, dès que l'aéroplane se trouve à l'extrémité de son rail de lancement.

Le pylone est une pyramide en madriers au haut de laquelle est une poulie ; un poids de 500 kilogrammes est monté au moyen d'un treuil ; le câble de lancement passe dans la gorge d'un galet qui sert de suspension au poids en sorte que, lorsque celui-ci est laissé libre au moyen d'un déclic, il exerce par une poulie de renvoi une traction rapide sur le câble relié au crochet de lancement en passant par l'extrémité du rail.

Cet effort, joint à celui des hélices en mouvement, imprime à l'appareil une vitesse de 15 à 18 mètres à la seconde, ce qui suffit pour le délester et provoquer le vol.

Résumé des caractéristiques.

Longueur : $9^m,35$.
Envergure : $12^m,50$.
Surface portante : 48 mq.
Puissance du moteur : 25/32 chevaux.
Diamètre des hélices : $2^m,50$.
Pas : 2 mètres.
Vitesse : 450 tours par minute.
Poids en ordre de marche : 450 kilogr.
Vitesse de vol : 60 kilom. à l'heure.

PRIX

des

AÉROPLANES DE 1910

construits en France :

✤ ✤ ✤

TYPES	INVENTEURS	CONSTRUCTEURS	MARQUE du MOTEUR	PUISSANCE (hp)	NOMBRE de PLACES	PRIX COMPLET (fr)
MONOPLANS						
ANTOINETTE	Levavasseur	Antoinette.	Antoinette	50	1-2	25.000
A.V.I.A.	Dutheil-Chalmers	Ateliers Vosgiens.	Dutheil-Chalmers	30	1	8.000
BLÉRIOT XI	Blériot	Blériot.	Anzani	24	1	12.000
BLÉRIOT XII	Blériot	Blériot.	E N V	50	2	26.000
GRÉGOIRE GYP	Grégoire	Grégoire.	Grégoire	40	1	12.500
HANRIOT	Hanriot	Hanriot.	Buchet	50	2	22.000
KOECHLIN	Koechlin	Koechlin.	Grégoire	24	1	14.000
R.E.P.	Esnault-Pelterie	Esnault-Pelterie.	Esnault-Pelterie	55	1	30.000
SANTOS-DUMONT	Santos-Dumont	Dutheil-Chalmers.	Dutheil-Chalmers	35	1	5.000
VENDOME	Vendome	Vendôme.	Anzani	30	1	15.000
BIPLANS						
CLÉMENT-BAYARD	Clément	Clément	Clément	70	2	17.000
H. FARMAN	H. Farman	H. Farman	Gnôme	45	2	28.000
VOISIN	Voisin	Voisin.	Gnôme	50	2	25.000
WRIGHT	Wright	Société Ariel.	Bariquand-Marre	25	2	30.000

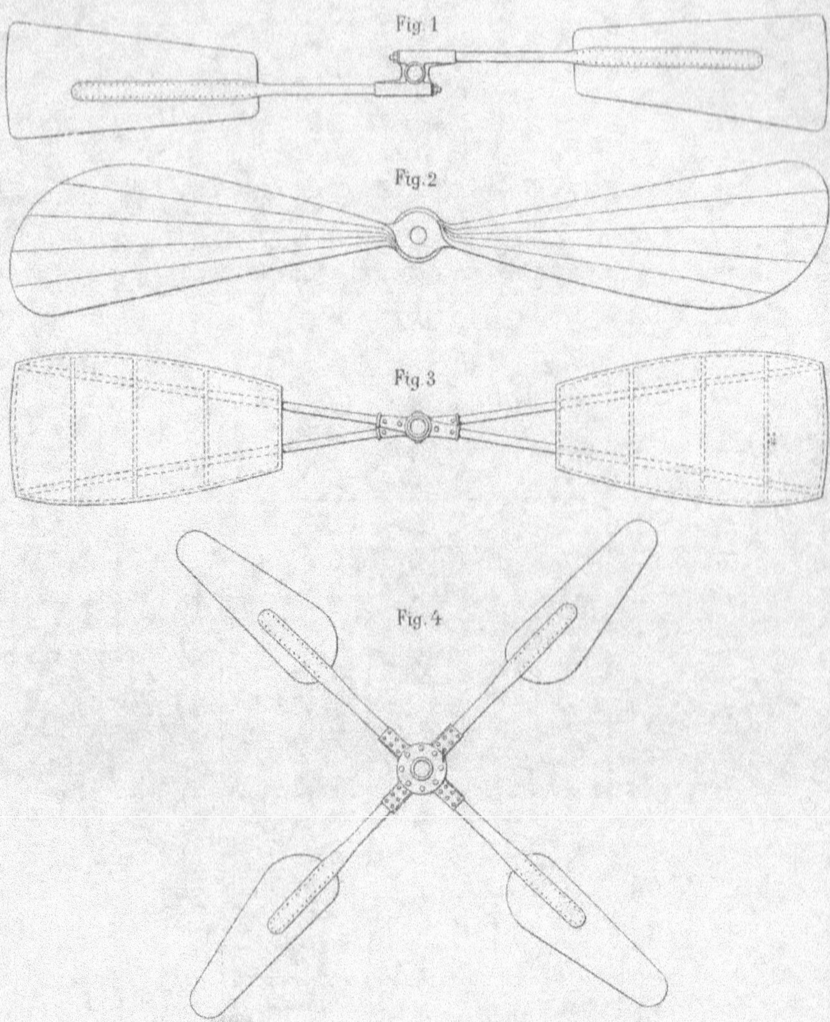

Fig. 1. — Hélice conique Voisin à pas rectifiable.
Fig. 2. — Hélice Chauvière en bois superposés.
Fig. 3. — Hélice Tatin en acier recouverte de soie.
Fig. 4. — Ancienne hélice Blériot à quatre branches.

LES HÉLICES AÉRIENNES

par

Victor TATIN

L'HÉLICE est aujourd'hui le propulseur universellement employé en locomotion aérienne et le choix de cet organe nous paraissant parfaitement justifié, nous avons pensé devoir lui consacrer quelques pages. Il est vrai que son emploi trouve encore quelques contradicteurs, surtout parmi les partisans du système d'aviation dit *ornithoptère*, dont les uns veulent employer des ailes tournantes ou plus ou moins ramantes, et d'autres, au moins plus rationnels en apparence, ne voient de solution vraie du problème que dans l'imitation servile des battements de l'aile de l'oiseau, ce qui, d'ailleurs, nous semble à peu près irréalisable.

Enfin, nombreuses encore sont les propositions d'emploi de roues à palettes mobiles, de systèmes souvent assez compliqués. Quoique aucun de ces projets n'ait jamais donné de résultats bien probants chaque fois qu'on a voulu les faire passer dans la pratique, leurs auteurs n'en restent pas moins convaincus que les succès, pourtant indéniables, réalisés aux yeux de tous par l'hélice ne sont que des résultats trop chèrement obtenus pour être durables.

Nous verrons plus loin qu'il est peu probable qu'aucun autre système de propulsion puisse être employé avec autant d'économie que l'hélice qui est certainement, en mécanique, l'un des transformateurs de mouvement les plus économiques, sinon le plus.

Histoire de l'hélice. — L'origine de l'hélice est très controversée, et divers États en revendiquent l'invention pour leurs nationaux. Comme partisan intransigeant de la défense des inventions de nos compatriotes contre les prétentions étrangères, nous devons faire ressortir la part prise par les Français, tant dans les propositions d'emploi que dans les applications réelles et utiles de l'hélice.

L'emploi de l'hélice pour la marine semble avoir été proposé pour la première fois par le Dr Hooke, en 1681; puis plus tard par J. Watt, en 1784; c'est à cette même époque, 1784, que les français Launoy et Bienvenu réalisèrent un petit *hélicoptère* à ressort, faisant ainsi, les premiers du monde, l'application de l'hélice à l'aviation: leur appareil n'était qu'un petit modèle, mais il volait et, par conséquent, donnait un résultat indiscutable et suffisant pour nous autoriser à prendre date. On trouve ensuite, en 1785, un brevet anglais accordé à J. Bramah, pour un propulseur à hélice destiné à la marine et assez semblable à ceux qui sont universellement employés aujourd'hui. Vers la fin du XVIIIᵉ siècle, le français Ch. Dallery fait des essais d'hélice très rationnels, mais qui ne paraissent pas suffisamment concluants pour provoquer l'application immédiate de son système; nous croyons pourtant que, si le succès n'a pas couronné les efforts de Dallery, c'est seulement

10

parce que, à cette époque troublée, les esprits étaient tournés ailleurs et peu attentifs aux progrès de la mécanique.

En 1804 et 1805, l'américain John Stevens emploie ce propulseur avec succès sur des bateaux, soit à une seule hélice, soit à deux hélices jumelles; un modèle du bateau de Stevens, construit en 1804, est encore conservé dans la salle des Conférences de la section de mécanique de l'Institut de technologie Stevens où la machine et son propulseur occupent une place d'honneur dans le musée des modèles. Joseph Ressel, originaire de Bohème, propose en 1812 l'emploi de l'hélice pour actionner les ballons. En France, Frédéric Sauvage propose à son tour l'hélice dès 1832 et ne peut la faire adopter; pendant qu'il lutte, l'ingénieur suédois Ericsson arrive, en 1836, à faire appliquer à un navire son système de propulsion qui commence dès lors à se répandre en Angleterre et en Amérique; on reprend alors en France les projets de Sauvage, mais ce n'est qu'en 1843 que notre compatriote, ruiné par de longs et coûteux essais, peut voir enfin réaliser son rêve, au Havre, sur la goélette *Napoléon*. Depuis, cette application est, on le sait, devenue générale dans les marines de tous les États; mais la France, à qui l'on peut sans doute discuter la gloire de sa première application en marine, peut revendiquer l'honneur de l'avoir, la première, utilisée en locomotion aérienne, puisque c'est chez nous qu'ont volé les premiers modèles d'appareils d'aviation et que se sont réellement dirigés les premiers aéronats.

Définition de l'hélice. — L'hélice est un organe mécanique destiné à transformer un mouvement de rotation autour de son arbre, soit en un mouvement rectiligne dans le sens de l'axe de cet arbre, soit en un simple effort de poussée dans le même sens; de là, deux sortes d'hélices: les hélices *propulsives* et les hélices *sustentatrices* ou *suspensives*. Les premières sont celles qu'on rencontre le plus généralement; ce sont, en effet, les hélices des navires, celles des aéronats ou ballons automobiles (1) et, enfin, celles des aéroplanes; quant aux hélices suspensives, elles ne sauraient guère être utilisées que dans les hélicoptères, appareils assez rares et qui nous semblent sans avenir: aussi l'emploi de ce genre d'hélices est-il peu fréquent; ce ne sera donc que des premières que nous nous occuperons principalement.

L'hélice est une vis dont le mouvement est analogue à celui des vis que nous faisons pénétrer dans le bois; mais tandis que les vis n'ont généralement qu'un seul filet et un certain nombre de spires, les hélices, au contraire, ont toujours plusieurs filets; on ne saurait, d'ailleurs, en concevoir qui en aient moins de deux et souvent elles en ont trois ou quatre et quelquefois plus encore; par contre, elles n'ont jamais plusieurs tours de spires et sont ordinairement réduites à une fraction seulement de tour, fraction ne dépassant pas, le plus souvent, 1/10.

Ce qu'on nomme le *pas* d'une hélice est la longueur du chemin qu'elle pourrait parcourir, en effectuant un tour complet, si on la supposait se vissant dans un écrou solide et fixe. Une hélice doit avoir, théoriquement, une même longueur de pas dans toutes ses parties; on conçoit, en effet, que si le pas était plus long à tel endroit de l'hélice qu'à tel autre, l'endroit où se trouverait ce pas plus long chercherait à progresser plus vite que les points où se trouverait un pas plus court; ces derniers points auraient ainsi une tendance à pousser en avant le fluide au sein duquel l'hélice serait en mouvement, au lieu de s'appuyer sur ce fluide, et créeraient

---

(1) Nous nous sommes toujours élevé contre l'expression « ballon dirigeable » qui ne nous semble pas plus justifiée que celles de *voiture dirigeable*, ou *bateau dirigeable* qui ne sont heureusement jamais employées; mais cette expression est, malheureusement, consacrée par l'usage et, à cause de cela, ne sera pas facile à déraciner.

ainsi une résistance nuisible à la progression; nous verrons plus loin dans quels cas on peut s'écarter de ce principe et dans quelle mesure on peut le faire.

Du rendement des hélices. — Les détracteurs de l'hélice l'ont surtout accusée d'être un organe d'un rendement déplorable et dépensant en pure perte la plus grande partie du travail moteur qu'on employait à la mouvoir; quelques pseudo-mathématiciens ont même avancé (avec calculs à l'appui, naturellement) qu'en aucun cas l'hélice ne pouvait avoir un rendement supérieur à 50 o/o, ce qui est journellement contredit par l'expérience; enfin, l'on a prétendu qu'une grande partie du travail dépensé était employée à chasser à l'extérieur une grande quantité du fluide sur lequel on tentait de s'appuyer; cet effet de ventilateur constituant un gaspillage inutile de force motrice. Or, il est évident qu'il faut avoir bien peu ou bien mal expérimenté pour avancer de semblables propositions. En ce qui concerne l'éparpillement de l'air, une expérience, assez simple pour être presque à la portée de tout le monde, peut nous éclairer sur les directions prises par les filets d'air avoisinant une hélice en mouvement. Prenons, par exemple, une petite hélice, même de construction un peu élémentaire, et faisons-la tourner sur place par un moyen quelconque, mouvement d'horlogerie ou ressort de caoutchouc, à défaut d'autre moteur; si alors, au moyen d'une légère tige à l'extrémité de laquelle nous aurons fixé quelques corps légers et flexibles, comme des effilures de soie ou des brins de duvet, nous explorons les environs immédiats de notre hélice, nous connaîtrons aussitôt, par la direction que prendront ces sortes de petites girouettes, les diverses directions prises par le fluide ambiant aux divers endroits où nous les présenterons à l'action des courants d'air créés par la rotation de notre petit modèle de propulseur; or, ces directions seront les suivantes: en avant du cercle décrit par l'hélice, l'aspiration ou appel de l'air se fera sentir dans tout le cylindre ayant ce cercle pour base; cette aspiration commence à diminuer en sortant de ce cylindre et en se rapprochant du plan de rotation où, cependant, l'appel est encore très sensible puisqu'il se fait encore sentir, même un peu en arrière de ce plan; puis, un peu plus en arrière et avant d'entrer dans le cylindre de refoulement, on trouve une zône de calme; enfin, on trouve le courant le plus intense dans le cylindre d'air refoulé; comme ce cylindre va en s'évasant de plus en plus, on constate en même temps une diminution de la vitesse du courant d'air à mesure qu'on s'éloigne du plan de rotation. Ces diverses directions et leurs diverses intensités s'expliquent très bien: l'hélice s'appuie, en effet, sur un cylindre d'air dont la base est le cercle décrit par sa rotation; cette colonne de fluide est donc rejetée en arrière puisque, dans notre expérience, l'hélice est fixe, et il n'est pas surprenant de trouver en cet endroit un courant d'une certaine intensité; mais cet air rejeté en arrière ne peut provenir que de la face avant de l'hélice où il se produira conséquemment un vide relatif que l'air ambiant aura tendance à venir combler en s'y précipitant de tous les points environnants, et non pas seulement directement en avant, mais aussi des côtés; l'aspiration se faisant donc sentir dans une région beaucoup plus étendue que le refoulement, on devra s'attendre à ce que le courant d'air y soit d'autant moins intense qu'on s'éloigne du plan de rotation; c'est, en effet, ce que l'on observe.

On conçoit aisément que, même si l'hélice se déplace le long de son axe, comme dans un aéroplane en marche, par exemple, les mouvements relatifs de l'air qui l'environnera ne sauraient être modifiés que dans leur intensité; mais non dans leurs directions relatives. Ainsi donc, une hélice ne saurait rejeter l'air extérieurement, comme le croient encore les quelques personnes qui n'ont pas suffisamment étudié cet organe, et il ne saurait y avoir là de perte de travail moteur.

Rendement de construction. — Une perte de force motrice, très réelle celle-là, quoique peu importante, est due à la résistance supplémentaire qu'éprouve toute hélice à se mouvoir au sein d'un fluide, indépendamment de la résistance due à l'obliquité de ses branches sur la trajectoire qu'elles décrivent ; cette résistance est due à deux causes qui sont inéluctables : l'épaisseur des branches de l'hélice et leur frottement sur le fluide. À ce point de vue, les branches d'une hélice peuvent être considérées comme des mobiles se déplaçant dans un fluide, et les mêmes lois leur deviennent applicables, savoir : la résistance est proportionnelle au carré de la vitesse et le travail à produire pour vaincre cette résistance est fonction du cube de cette vitesse. Cette perte peut être mesurée de la façon suivante.

Supposons une hélice dont le diamètre serait de 2 mètres et le pas également de 2 mètres ; nous actionnons cette hélice au moyen d'un moteur développant, par exemple, 1.000 kilogrammètres par seconde (soit un peu plus de 13 chevaux) ; nous faisons cet essai au point fixe et nous constatons, au moyen d'un compteur, que notre hélice tourne à la vitesse de 10 tours par seconde ; d'autre part, un dynamomètre, ou des poids convenablement disposés, nous indiquent un effort de traction sur l'arbre de 47 kilogs ; quel est dans ces conditions le travail rendu par l'hélice ? Nous rappellerons d'abord que, en mécanique, un *effort* ne doit pas être confondu avec un *travail* ; un effort n'est que statique, le travail seul est dynamique et ne peut être que le produit d'un effort multiplié par le chemin parcouru par le point d'application de cet effort. Or, dans le cas de notre hélice qui tourne sur place et dont nous voulons mesurer le rendement en travail, il n'y a pas de chemin parcouru, du moins d'une façon apparente ; mais en réalité, puisque nous avons cons-

taté sur son arbre un effort de 47 kilogs, si notre hélice ne s'est pas déplacée, c'est que c'est son point d'appui qui reculait pendant l'action et c'est évidemment sur ce point d'appui que l'effort s'est exercé ; donc, puisque notre hélice a un pas de 2 mètres et qu'elle fait 10 tours par seconde, elle a, pendant l'expérience refoulé son point d'appui de 10×2, soit 20 mètres, et c'est sur ces 20 mètres que s'est exercé, pendant une seconde, l'effort que nous avons constaté ; le travail produit par l'hélice ressort donc à 47 kilogs $\times$ 20 mètres, c'est-à-dire 940 kilogrammètres. Or, comme, pour obtenir ce résultat nous avons dépensé 1.000 kilogrammètres, le rendement est donc, dans ce cas, de $\frac{940}{1.000}$ ou 94 o/o.

Nous avons donné l'exemple qui précède parce que nous savons que beaucoup de personnes confondent encore *effort* avec *travail* et seraient disposées, en présence des chiffres ci-dessus, à déclarer que notre hélice, dépensant 1.000 kilogrammètres pour produire un effort de 47 kilogs, n'a qu'un rendement de moins de 5 o/o, prétendant ainsi comparer des choses qui ne sont pourtant pas comparables, comme des kilogs et des kilogrammètres. Nous avons cependant entendu émettre souvent cette absurde proposition.

Dans l'exemple exposé, la perte n'est pas très grande, puisqu'elle n'atteint que 6 o/o ; ce résultat s'obtient assez facilement dans la pratique et dans des conditions de pas et de vitesse de rotation analogues ; enfin, nous avons supposé une hélice assez bien construite ; mais il n'en serait évidemment plus de même si l'hélice était irrégulière de pas ; si ses branches n'étaient pas bien amincies par leurs bords, de façon à constituer de bons projectiles, et surtout, si ses surfaces n'étaient pas convenablement unies et même polies ; nous sommes même convaincu qu'une hélice tout à fait parfaite sous tous ces rapports, et d'un pas égal ou un peu supérieur à son diamètre, aurait un rendement encore supérieur à celui de notre exemple. Ce rendement est donc surtout subordonné à la perfection de l'exécution ; c'est pourquoi nous avons depuis longtemps proposé de l'appeler *rendement de construction*.

Faisons remarquer que, dans la recherche du rendement d'une hélice par la méthode que nous venons d'indiquer, il s'agissait d'une hélice tournant au point fixe ; mais on peut se demander si les résultats trouvés par cette méthode ne seraient pas modifiés lorsque l'hélice progresserait dans le fluide, comme ce serait le cas si elle était attelée à un mobile dont elle provoquerait le déplacement. Aucune expérience se rapprochant suffisamment des conditions de la pratique n'a encore été faite pour rechercher si le rendement serait le même ; mais on doit s'attendre à trouver, dans ces nouvelles conditions, une diminution du rendement pour les raisons suivantes : dans le cas de la rotation au point fixe, la branche de l'hélice attaque évidemment l'air sous l'angle que forme le plan de cette branche avec le plan de rotation ; elle éprouve alors le maximum de résistance pour un travail donné ; mais si l'hélice peut progresser, sa branche suit une trajectoire se rapprochant plus ou moins de celle qu'elle suivrait si elle se vissait dans un écrou solide ; son angle d'attaque se trouve ainsi très diminué et l'on doit s'attendre à ce que sa résistance à la rotation soit de ce fait considérablement réduite ; elle pourra alors tourner plus vite, à dépense égale de force motrice ; dès lors la perte de travail absorbée par le passage des branches dans le fluide et par leur frottement deviendra plus grande et le rendement se trouvera ainsi sensiblement diminué.

Rendement d'appropriation ; Recul. — Il est encore, dans l'emploi des hélices, un autre rendement, malheureusement beaucoup plus méconnu que celui qui vient de nous occuper et aussi beaucoup plus important à connaître ;

nous l'avons nommé *rendement d'appropriation*. En l'expliquant, nous allons démontrer que, de la détermination plus ou moins judicieuse des proportions que doit avoir une bonne hélice propulsive, dépend, en grande partie, la grandeur de son rendement et le succès de son emploi. Nous verrons aussi que les formes et les dispositions du mobile que l'hélice doit mouvoir ont une importance plus grande encore que la perfection du propulseur ; cette considération nous a semblé être aujourd'hui trop négligée, non pas en marine, mais d'une façon lamentable en locomotion aérienne.

Supposons un mobile idéal n'éprouvant aucune résistance à se déplacer dans le fluide, ni aucun frottement : ce mobile mû par une hélice, permettra évidemment à celle-ci de suivre son pas comme dans un écrou solide et la progression de ce mobile sera proportionnelle au pas du propulseur multiplié par le nombre de tours qu'il accomplira. Mais il n'en est jamais ainsi et, dans la pratique, le mobile est toujours un corps matériel, plus ou moins bon projectile, et se déplaçant, par conséquent, avec plus ou moins de facilité. L'hélice alors, au lieu de suivre exactement son pas, reste plus ou moins en arrière du point qu'elle pourrait atteindre en faisant le même nombre de tours et en supposant son écrou solide ; c'est cette perte de progression qu'on nomme le *recul* de l'hélice et l'on comprendra facilement que ce recul sera d'autant plus grand que, pour une hélice donnée, la résistance au déplacement du mobile à mouvoir sera plus grande. Le recul constitue donc une perte sèche de force motrice, car le chemin qui n'a pu être parcouru en avant par l'hélice doit être parcouru en arrière, et dès lors, tout à fait inutilement, par le fluide sur lequel elle s'est appuyée.

Deux moyens s'offrent pour diminuer le recul des hélices et les raisons de leur efficacité sont tellement évidentes qu'elles sont indiscutables ; le premier de ces moyens consiste à assurer la plus grande facilité de pénétration du corps à mouvoir ; en marine, l'on est depuis longtemps arrivé à d'excellents résultats sous ce rapport, le recul des hélices est minimum et ne peut sans doute être que bien peu réduit par des perfectionnements futurs ; mais il est loin d'en être ainsi en locomotion aérienne, et cela se conçoit facilement si l'on veut bien comparer les formes de la partie immergée d'un navire à celles d'un aéronat, par exemple : si, dans un bon navire, nous supposons l'aire de la maîtresse section transformée en un cercle, nous trouvons que le diamètre de ce cercle est toujours moindre du 1/10 de la longueur de la coque ; ces proportions ne se retrouvent pas dans nos meilleurs aéronats qui sont relativement au moins moitié moins allongés ; leur surface extérieure, toujours plus ou moins ondulée, est loin de rappeler la pureté de lignes d'une carène de navire ; enfin, leurs accessoires, tels que nacelle, suspensions, plans fixes ou mobiles et autres *impedimenta* taxés, à tort ou à raison, comme indispensables, achèvent d'en faire un aussi déplorable projectile que le serait un navire qu'on tenterait de mouvoir avec tout son gréement dans l'eau ; qu'on ne s'étonne donc pas si, en pareil cas, le rendement de l'hélice est très inférieur à ce qu'on trouve en marine.

Il en est à peu près de même dans nos aéroplanes ; ceux-ci qui ne devraient comporter qu'un corps fermé, analogue à celui d'un oiseau et muni seulement des ailes et de la queue indispensables, sont actuellement une véritable forêt de pièces de bois disposées en tous sens (et même hors de sens), encombrés de fils d'acier, moteurs, réservoirs, corps de pilotes, chariots, etc., et tout cela en plein air, au point que l'on pourrait presque croire qu'on s'est plu à les disposer de façon à ce que leur essor en soit le plus entravé possible ; aussi n'arrive-t-on encore qu'à des vitesses médiocres, malgré un énorme gaspillage de force motrice et l'emploi d'hélices relativement plus grandes qu'en marine, mais dont le rendement, à cause des mauvaises conditions que nous faisons ressortir, n'atteint dans certains cas que 50 o/o. Des appareils meilleurs projectiles permettraient sûrement des vitesses plus grandes, quoiqu'en n'employant que des hélices plus petites et en dépensant moins de travail moteur.

Il nous semble donc très désirable que nous nous occupions enfin de soigner plus sérieusement les formes de nos appareils aériens ; le recul de leurs hélices doit, selon nous, dans un avenir que nous souhaitons prochain, être réduit à 10 o/o pour les aéroplanes et à 20 o/o, au maximum, pour les aéronats ; nous en sommes encore assez loin.

L'autre manière de réduire le recul des hélices et, par conséquent, d'en augmenter le rendement, consiste à les faire relativement grandes. On comprend, en effet, que leur point d'appui étant un fluide, celui-ci tend toujours à fuir et à se dérober sous l'effort, n'offrant ainsi au propulseur qu'un point d'appui d'autant moins consistant que la colonne de fluide attaquée est de plus petite base ; donc, si le mobile est très résistant au déplacement et que l'hélice soit petite, tout le travail moteur sera employé à chasser en arrière une colonne de fluide n'offrant qu'un appui insuffisant ; mais si, dans un pareil cas, on a recours à une grande hélice, s'appuyant sur un large cercle, elle trouvera alors l'appui nécessaire pour ne pas trop reculer et le mobile pourra progresser d'autant plus.

C'est donc une erreur grave, quoique encore assez répandue, de croire qu'une petite hélice tournant vite donnera les mêmes résultats qu'une autre plus grande, mais tournant plus lentement ; ce raisonnement nous conduirait à admettre qu'une excellente hélice de canot ferait très bien l'affaire pour mouvoir un navire comme un de nos grands transatlantiques ; ce qui est évidemment absurde. Si, dans un tel cas, le travail moteur permettait d'imprimer à l'hélice une vitesse de rotation telle que son pas multiplié par son nombre de tours soit 20 fois plus grand que dans les cas normaux, nous aurions pour les facteurs du *travail* : le facteur *vitesse* 20 fois plus grand ; mais alors l'autre facteur, le facteur *effort*, devrait donc être 20 fois plus petit ; le navire ne pourrait alors obtenir qu'une vitesse relativement très réduite : l'hélice serait pourtant très bonne, mais elle serait *mal appropriée*.

Les hélices appliquées aujourd'hui à nos aéroplanes ont presque toujours un diamètre très suffisant ; mais, par contre, dans nos aéronats, elles sont souvent ridiculement trop petites.

De ce que nous venons de voir, on peut déduire que les hélices sont, en général, des organes assez bien réalisés, puisque leur *rendement de construction* est presque toujours assez bon, mais que leur mauvais *rendement d'appropriation*, presque toujours très défectueux en locomotion aérienne, ne peut être imputé à l'hélice elle-même, mais à la manière de l'utiliser. Les efforts que l'on pourra tenter pour l'amélioration du rendement des hélices devront donc porter beaucoup plus sur l'application judicieuse de ce genre de propulseur que sur le propulseur lui-même qui ne nous semble guère pouvoir être amélioré de plus de 2 ou 3 o/o.

Du pas à donner aux hélices. — Nous avons vu plus haut que le pas d'une hélice est le chemin qu'elle parcourrait en faisant un tour dans un écrou solide. Or, il y a un rapport entre ce pas et le diamètre de l'hélice, rapport qu'il serait intéressant de rendre *optimum*. On se rend parfaitement compte qu'une hélice dont le pas serait exagérément long ne serait plus une hélice, mais un véritable ventilateur ; si, au contraire, le pas était par trop court, l'hélice tournerait sur place, ou, du moins, n'aurait qu'une progression par trop réduite et,

de ce fait, inutilisable. On n'a pas encore fait, que nous sachions du moins, d'expériences sur les hélices aériennes pour élucider ce point ; par contre, elles ont été nombreuses sur les hélices marines et l'on en a déduit, depuis long-temps déjà, que le meilleur rendement était obtenu lorsque la longueur du pas était égale à environ 1 diamètre 1/3. Nous ne voyons pas pourquoi il ne serait pas tenu compte de ces résultats lorsqu'il s'agit de la détermination du pas des hélices aériennes. On a dit, il est vrai, que les deux fluides, air et eau, n'étaient pas comparables à cause de l'élasticité du premier qui lui permettrait de se comprimer sous l'effort, tandis que le second est incompressible. Nous ne croyons pas qu'il puisse y avoir là une cause de différence sensible. En effet, la compressibilité de l'air est facile à calculer, car à une certaine compression correspond une certaine vitesse d'écoulement du fluide comprimé (1). Or, le calcul nous donne, pour une vitesse de 40 mètres par seconde, une compression de 1 100 seulement, ce qui ne doit guère augmenter la densité, et, par suite, la résistance du fluide ; notons aussi que cette vitesse est encore assez loin d'être atteinte par la colonne de fluide repoussée par nos hélices. Nous admettrons donc que l'hélice se comporte de la même façon dans les deux fluides et qu'il n'y a lieu de tenir compte que de leur différence de densité ; ainsi le pas de 1 diamètre 1/3 doit pouvoir être également appliqué aux hélices aériennes.

Nous avons vu plus haut, au sujet du rendement de construction des hélices, que ce rendement devait s'abaisser lorsque le pas trop court obligeait de les faire tourner plus vite

---

(1) La formule de physique élémentaire : $H = \dfrac{V^2}{2g}$ nous donne la valeur de H, qui est la hauteur d'une colonne de fluide correspondante à la compression qui se produirait suivant la loi de Mariotte.

pour obtenir une même pression. C'est pour cette raison que nous considérons comme une grosse erreur de construire ainsi les hélices; une hélice tournant moins vite avec un pas plus long a toujours un rendement supérieur; de plus, elle a moins à craindre les effets souvent désastreux de la force centrifuge qui a déjà fait rompre nombre d'hélices métalliques à grande vitesse circonférencielle; mais nos aviateurs paraissent pourtant préférer, dans leurs aéroplanes, cette dernière manière de faire, sous le prétexte qu'on peut ainsi caler directement l'hélice sur l'arbre du moteur, évitant ainsi tout organe de transmission ou de démultiplication. Trouve-t-on réellement quelque économie de travail moteur par cette dangereuse pratique? Cela nous semble discutable et, personnellement, nous n'y croyons pas; il nous semble que dans les aéroplanes, appareils qui sont appelés à atteindre prochainement de grandes vitesses, le pas des hélices peut même être porté à un diamètre et demi. Nous l'avons essayé, une fois, sur un petit modèle ne pesant que 33 kilogs, mais atteignant la même vitesse que nos appareils actuels et le résultat en fut très satisfaisant; le rendement global fut excellent et le recul fût inférieur à 15 o/o quoique l'appareil fut assez défectueux comme projectile. Nous croyons donc que les hélices d'aéroplanes devraient toujours avoir un pas supérieur à leur diamètre. Quant aux hélices des aéronats, plus grandes et progressant moins vite, leur pas peut sans doute descendre à un diamètre, et même peut-être un peu au-dessous; mais, en l'absence de toute expérience concluante, on ne saurait rien affirmer sur ce point : les hélices employées jusqu'à présent ayant toutes un pas plutôt un peu court, et l'essai d'hélices à pas plus long que le diamètre n'ayant, croyons-nous, pas encore été fait. Il serait cependant du plus haut intérêt de tenter cet essai, qui nous réserve, peut-être, quelque agréable surprise.

Nombre de branches. — Les expériences faites sur les hélices aériennes, afin de déterminer le nombre de branches le plus convenable pour ces hélices, semblent toutes avoir démontré que deux branches sont suffisantes. On a, en effet, constaté qu'une hélice à branches multiples avait un rendement meilleur à mesure que l'on réduisait le nombre des branches jusqu'à ce qu'il n'en restât plus que deux. Ceci se conçoit fort bien si le pas de l'hélice est un peu court, et c'est peut-être ainsi qu'il en était dans ces expériences, car l'air agité et chassé par une branche, dans une rotation un peu rapide, n'est pas encore très éloigné au moment où la branche suivante vient à passer au même point, et celle-ci n'y trouve plus alors un appui suffisant. Cependant, il n'en serait peut-être plus de même si le pas de l'hélice était plutôt long, doublé par exemple : car alors le fluide troublé serait repoussé deux fois plus loin ; il se pourrait alors qu'une hélice à trois branches puisse donner, dans ces conditions, d'assez bons résultats. En marine, d'ailleurs, où l'on emploie généralement des hélices dont le pas est de un diamètre et un tiers, et où les expériences sur ce point furent nombreuses, les hélices ont rarement deux branches, le plus souvent elles en ont trois, et même quelquefois quatre. Il se pourrait donc que l'emploi d'hélices à plus de deux branches se trouve justifié pour les hélices aériennes à pas plus long que dans celles que nous employons couramment; ce qui, en utilisant mieux la colonne d'air sur laquelle elles s'appuient, permettrait peut-être d'en réduire un peu le diamètre.

Creux des branches. — On sait depuis longtemps que les surfaces creuses offrent, dans leur mouvement dans les fluides, une résistance plus grande que les surfaces entièrement planes. On utilise notamment cette propriété dans la construction des ailes des aéroplanes et il n'y a pas de raison pour que les branches d'une hélice ne comportent pas également un certain creux ; c'est ce qu'on fait généralement : leur résistance en étant accrue, à surfaces égales, on peut ainsi diminuer un peu l'étendue de ces surfaces. Il nous semble cependant que ce creux ne doive pas être très accentué, car une bonne hélice, bien appropriée, devant suivre une trajectoire aussi voisine que possible de celle qu'elle suivrait si elle n'avait aucun recul, un trop grand creux l'obligerait à frapper l'air par sa face dorsale, près du bord d'attaque, ce qui ne saurait être que nuisible à sa progression. Il semble donc que le creux d'une bonne hélice doive être tel que le bord d'entrée soit tangent à la trajectoire qu'il décrit réellement, afin d'éviter l'effet nuisible que nous venons de signaler. Nous ne saurions pourtant affirmer qu'il y ait un réel avantage à employer des hélices creuses, et celles des expériences sur ce sujet dont nous avons eu connaissance sont assez contradictoires ; nous en avons personnellement utilisé de presque complètement plates qui nous ont donné les meilleurs résultats ; il y a donc, là encore, une question à éclaircir expérimentalement.

Irrégularités du pas. — Une hélice géométrique doit avoir un pas régulier et le même dans toute son étendue. Les hélices creuses sont des hélices dont le pas n'est évidemment pas régulier : elles sont donc à pas varié ; en marine, où elles sont couramment employées, on les désigne sous le nom d'hélices à pas croissant de l'entrée à la sortie ; on leur donne peu de creux et les résultats sont admis comme très satisfaisants. Mais il y a encore une autre forme de variation du pas : quand une hélice est en mouvement, on se rend compte que, dans la partie voisine du centre, la composante dirigée dans le sens de l'axe, celle qu'on utilise, est beaucoup plus petite que la composante parallèle au plan de rotation, cette dernière étant évidemment nuisible. On s'est demandé s'il ne serait pas avantageux de supprimer en ce point la surface de la branche

d'hélice et de n'y laisser subsister que la carcasse indispensable pour maintenir la partie active que l'on conserverait. La plupart des hélices métalliques des aéroplanes sont ainsi construites et leurs auteurs en ont longtemps paru satisfaits ; ces hélices étant composées de diverses pièces assemblées, on peut ainsi tourner la difficulté qui consisterait à faire des hélices dont le pas, modifié vers le centre, serait tel que cette partie puisse passer dans le fluide en ne lui présentant que sa tranche seule ; la composante nuisible dont nous parlions tout à l'heure disparaîtrait ainsi.

Dans les hélices marines, qui sont coulées en fonderie, il est facile de construire le modèle en vue d'obtenir le même résultat, tout en conservant la partie voisine du centre, et c'est ce que l'on fait généralement. On obtient encore le même résultat en construisant les hélices aériennes en bois. Les hélices qui offrent cette particularité sont dites à pas croissant du centre à la circonférence.

Longueur de l'hélice. — La longueur d'une hélice est la distance comprise entre deux plans parallèles, perpendiculaires à l'axe de rotation et tangents aux bords des branches ; nous avons déjà dit que cette longueur n'excédait ordinairement pas le 1 10 du pas ; c'est la longueur adoptée en marine ; elle est le plus souvent inférieure dans les hélices aériennes ; dans la plupart des hélices cette longueur n'est pas la même pour toutes les parties de la branche : elle est réduite en approchant de la circonférence extérieure ; cette disposition permet encore une utilisation suffisante, tout en donnant à l'hélice des contours assez élégants.

Divers types actuellement employés. — Nos aviateurs emploient actuellement des hélices d'aspects assez divers. Les frères Wright ont des hélices en bois, d'une seule pièce, à palettes plutôt étroites et en placent deux, d'un assez grand diamètre, sur chaque appareil ; ce qui leur permet une assez bonne utilisation du travail moteur.

Les hélices métalliques des frères Voisin sont composées d'un moyeu d'acier sur lequel sont fixées, mais d'une façon réglable, les tiges qui supportent les pales; celles-ci sont en aluminium, un peu étroites et peu creuses; ces hélices offrent cette particularité que leur plan de rotation est conique, le sommet du cône étant tourné en arrière: de cette façon, la force centrifuge tend à les ramener dans un plan de rotation plat, tandis que l'effort de poussée, agissant dans un sens inverse, les maintient dans leur position conique; elles sont ainsi équilibrées, quant aux efforts qu'elles peuvent subir dans le sens antéro-postérieur.

Blériot a fait des hélices de construction assez analogue, à deux et à quatre branches; mais il semble les avoir abandonnées pour employer exclusivement des hélices en bois du type Chauvière.

L'emploi des hélices en bois Chauvière a une tendance à se généraliser; c'est sans doute un progrès, car leur construction en feuillets superposés leur assure une sécurité qu'on ne saurait trouver dans des hélices en métal. Ce mode de construction permet aussi assez facilement d'obtenir, dans la même hélice, toutes les variations de pas que l'on peut juger utiles. Enfin, leur forme les assure contre toutes déformations pendant l'action. Elles se recom-

mandent, d'ailleurs, par quelques grands succès encore récents.

La Société « Antoinette » a aussi son type d'hélices; celles-ci se reconnaissent à leurs branches, d'un creux assez accentué et formant un peu cuilleron; elles sont montées, comme les hélices Voisin et Blériot, sur des moyeux en acier et les palettes sont aussi en aluminium.

Les hélices Tatin, à carcasse en acier recouverte de soie, ont été souvent employées, tant pour les aéronats que pour les aéroplanes, et ont donné de très bons résultats; mais aujourd'hui, on semble vouloir leur substituer les hélices en bois qui paraissent décidément avoir plus d'avenir.

Il est certain, en tout cas, que les hélices à carcasse intérieure et les hélices en bois, n'offrant aucune saillie extérieure sur le dos de leurs branches, doivent, de ce fait, avoir un rendement un peu supérieur à celui des hélices dont les pales d'aluminium sont rivées sur des branches d'acier.

Quoi qu'il en soit, toutes ces hélices ont fait leurs preuves, plus ou moins brillamment, et toutes méritaient une mention.

La planche qui accompagne cet article représente quelques-unes des hélices qui ont été le plus fréquemment employées.

Victor TATIN.

ACCESSOIRES

APPAREILS

A. — *Aéroplanes.*

B. — Ornithoptères.

C. — Hélicoptères.

D. — Études générales.

E. — Mixtes.

F. — Cerfs-volants.

BIOGRAPHIES ET PORTRAITS

CONCOURS ET EXPOSITIONS

DIRIGEABLES

DIVERS

GUERRE ET MARINE

HÉLICES

JURISPRUDENCE

LIVRES

MÉTÉOROLOGIE

DICTIONNAIRE

MOTEURS

PHYSIOLOGIE

PILOTAGE

PRIX

STABILITÉ

TECHNIQUE

TOURISME

SOCIÉTÉS FINANCIÈRES

		GROUPE MOTEUR				HÉLICES						
TYPE ET…	REFROIDISSEMENT	PUISSANCE INDIQUÉE	PUISSANCE UTILISABLE	VITESSE DE VOL EN PALIER par seconde	NOMBRE	CONSTRUCTEURS	NOMBRE DE PALES	DIAMÈTRE	PAS	COMMANDE	VITESSE PAR SECONDE	POSITION SUR L'APPAREIL
32	33	34	35	36	37	38	39	40	41	42	43	44
		chevaux	chevaux	mètres				mètr.	mètr.		tours	
Mo…noplan	Circulation d'eau.	50	35	19.53	1	ANTOINETTE.	2	2.20	1.30	Prise directe.	1100	A l'AV.
E…noplan	Circulation d'eau.	40	»	»	1	CLÉMENT.	2	2.50	2.50	Démultipliée.	900	A l'AR.
Mo…noplan	Circulation d'eau.	50	35	18	1	BLÉRIOT.	2	2.10	1.15	Prise directe.	1100	A l'AV.
Mo…	Air.	25	25	18	1	CHAUVIÈRE.	2	2.08	1.15	Prise directe.	1400	A l'AV.
Mo…noplan idem	Circulation d'eau.	35	35	21.37	1	CHAUVIÈRE.	2	2.70	1.80	Démultipliée.	600/800	A l'AV.
E…N et	Circulation d'eau.	60	»	»	2	BRÉGUET.	4	4.25	2.50	Pignon d'angle.	600	Entre les plans N et M.
E…plan pend…	Circulation d'eau.	80	80	18	2	CODY.	2	2.50	Graduées	Chaîne.	600	A 0.70 du bord N des plans.
E…plan	Circulation d'eau.	50	30	21.32	1	CURTISS, puis CHAUVIÈRE.	2	2.60	1.15	Prise directe.	1300	Derrière la grande cellule sustentatrice.
E…noplan	Air.	50	35	18.32	1	CHAUVIÈRE.	2	2.60	1.15	Prise directe.	1200	Derrière la grande cellule sustentatrice.
E…noplan	Ventilateur.	50	40	18	1	CHAUVIÈRE.	2	2.50	2.50	Démultipliée.	700	A l'AR des surfaces.
E…noplan	»	24	24	12	2	»	»	2.50	2	Démultipliée.	600	A l'AV.
Mo…	Air.	35	22	18	1	R. E. P.	4	2.00	1.20	Prise directe.	1400	A l'AV.
Mo…	Circulation d'eau.	25	20	21	1	CHAUVIÈRE.	2	1.35	1.15	Chaîne.	1800	A l'AV.
…noplan	Air.	50	35	16	1	VOISIN.	2	2.00	1.40	Prise directe.	1150	A l'AR
…biplan	Circulation d'eau.	25	25	18.88	2	WRIGHT.	2	2.50	2	Démultipliée.	450	A l'AR.

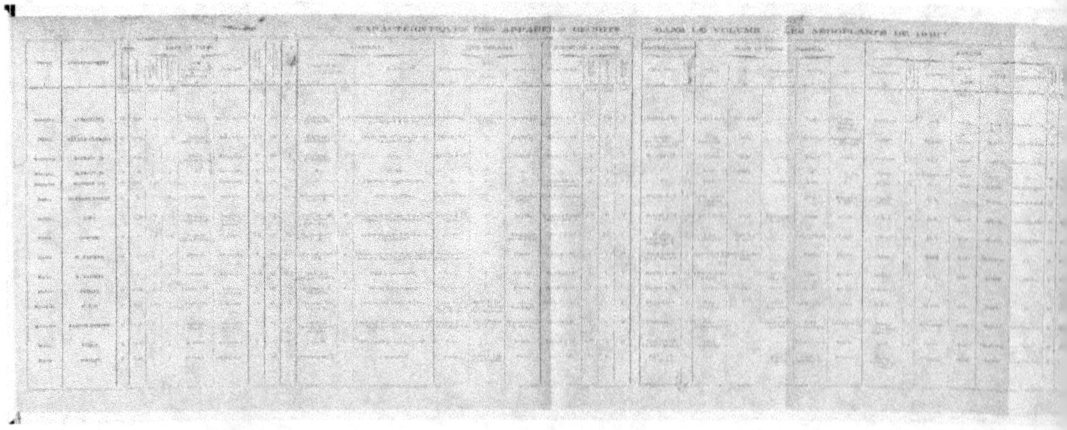

CARACTÉRISTIQUES DES APPAREILS DÉCRITS DANS LE VOLUME « LES AÉROPLANES DE 1915 »

MOTEUR							HÉLICES							
DISPOSITION	ALÉSAGE ET COURSE	ALLUMAGE	REFROIDISSEMENT	PUISSANCE nominale	PUISSANCE d'utilisation	VITESSE du vol en plein par seconde	NOMBRE	CONSTRUCTEURS	NOMBRE DE PALES	DIAMÈTRE	PAS	COMMANDE	VITESSE par seconde	POSITION SUR L'APPAREIL
En V.	110-105	Accus.	Circulation d'eau	50	5.	19.55	1	Antoinette	2	3.20	1.30	Prise directe	1100	À l'AV.
Verticaux	105-130	Magnéto	Circulation d'eau	40	*	*	1	Clément	2	3.30	3.50	Démultipliée	900	À l'AR.
En V.	110-105	Accus	Circulation d'eau	50	35	18	1	Brasier	2	2.10	1.15	Prise directe	1300	À l'AV.
À cyl. à écartement	705-400	Accus	Air	35	35	19	1	Chauvière	2	2.08	1.75	Prise directe	1400	À l'AV.
En V.	82-85	Magnéto	Circulation d'eau	55	85	21.37	1	Chauvière	2	2.75	1.80	Démultipliée	690/800	À l'AV.
En X.	*	Magnéto	Circulation d'eau	60	*	*	2	Brasier	4	4.25	2.50	Pignon d'angle	900	Entre les plans A et B.
En V.	115-130	Magnéto	Circulation d'eau	80	80	18	2	Cody	2	2.50	Grandeur	Chaîne	900	À 0.70 du bord A des plans
En V.	118-121	Magnéto	Circulation d'eau	50	50	21.33	1	Chauvière, puis Chauvière	2	2.00	1.15	Prise directe	1300	Derrière la grande cellule sustentatrice.
Rotatif	115-130	Distributeur	Air	50	85	19.32	1	Chauvière	2	2.00	1.15	Prise directe	1300	Derrière la grande cellule sustentatrice.
En V.	*	Magnéto	Ventilateur	50	16	18	1	Chauvière	2	3.50	2.50	Démultipliée	700	À l'AR. des surfaces.
*	*	*	*	24	24	12	3	*	*	3.50	2	Démultipliée	600	À l'AV.
En étoile	85-90	Magnéto	Air	20	22	18	1	R. E. P.	4	2.00	1.50	Prise directe	1100	À l'AV.
Horizontaux	130-150	Magnéto	Circulation d'eau	40	40	21	1	Chauvière	2	1.35	1.15	Chaîne	1200	À l'AV.
Droits	110-120	Distributeur	Air	50	35	19	1	Voisin	2	2.00	1.45	Prise directe	1150	À l'AR.
Verticaux	105-107	Magnéto	Circulation d'eau	25	25	18.88	2	Wright	2	2.50	2	Démultipliée	450	À l'AR.

LA TECHNIQUE AÉRONAUTIQUE

Sommaire du n° 1

Sommaire n° 2

Sommaire du n° 3

Envoi d'un numéro spécimen contre 1 franc.

www.ingramcontent.com/pod-product-compliance
Lightning Source LLC
LaVergne TN
LVHW021745060726
842528LV00003B/809